SAMMLUNG GÖSCHEN BAND 878

AUFGABENSAMMLUNG ZUR FUNKTIONENTHEORIE

von

PROF. DR. KONRAD KNOPP
em. o. Professor der Mathematik an der Universität Tübingen

II

AUFGABEN ZUR HÖHEREN FUNKTIONENTHEORIE

Fünfte Auflage

WALTER DE GRUYTER & CO.
vormals G. J. Göschen'sche Verlagshandlung · J. Guttentag, Verlagsbuchhandlung · Georg Reimer · Karl J. Trübner · Veit & Comp.

BERLIN 1959

Inhaltsverzeichnis.

[1]) s. Vorbemerkungen.
[2]) Die in der ersten Spalte angegebene Seitenzahl bezieht sich auf die Aufgaben, die in der zweiten angegebene auf die Lösungen.

Vorbemerkungen.

Auch in diesem zweiten Teil der Aufgabensammlung zur Funktionentheorie — auf den ersten Teil wird kurz mit „I" unter Angabe von Kapitel, Seite oder Paragraph und Aufgabe, auf den vorliegenden zweiten Teil nur durch Angabe von Seite oder Paragraph und Aufgabe verwiesen — habe ich mich streng an die in der Sammlung Göschen vorhandenen funktionentheoretischen Bändchen gehalten. Sie werden wie bisher zitiert, doch beziehen sich die Zitate auf die folgenden inzwischen erschienenen neuen Auflagen:

I = Aufgabensammlung zur Funktionentheorie, I. Teil: Aufgaben zur elementaren Funktionentheorie, 4. Auflage, 1947.

Elem. = Knopp, Elemente der Funktionentheorie, 3. Auflage, 1947.

K I = Knopp, Funktionentheorie I, 7. Auflage, 1947.

K II = Knopp, Funktionentheorie II, 7. Auflage, 1947.

Bi = Bieberbach, Einführung in die konforme Abbildung, 3. Auflage, 1937.

Auch diesmal handelt es sich in der Hauptsache nur um Übungsaufgaben, durch die der Gedankenkreis der genannten Bändchen nicht wesentlich überschritten wird. Nur innerhalb dieses Rahmens, nicht in irgendeinem absoluten Sinne, ist die Einteilung in elementare und höhere Funktionentheorie gemeint. Die jetzigen Aufgaben lehnen sich in der Hauptsache an die letzten Kapitel von K I, sowie an K II und Bi an. Für die Benutzung sind weiterhin die Vorbemerkungen zu I maßgebend. — Mit der Verteilung der Sternchen (*) zur Bezeichnung der schwierigeren Aufgaben ist, dem jetzigen höheren Niveau entsprechend, etwas sparsamer umgegangen worden.

Erster Teil.

Aufgaben.

I. Kapitel

Weitere Aufgaben zu I, Kap. 1—5.

§ 1. Grundlegende Begriffe.

1. Es seien k Punkte $z_1, z_2, \ldots, z_k$ in der Ebene der komplexen Zahlen gegeben, und es seien $\alpha_1, \alpha_2, \ldots, \alpha_k$ nichtnegative Zahlen, für die $\alpha_1 + \alpha_2 + \cdots + \alpha_k = 1$ ist. Dann liegt die Zahl $\zeta = \alpha_1 z_1 + \alpha_2 z_2 + \cdots + \alpha_k z_k$ in dem kleinsten konvexen (abgeschlossenen) Polygon, das die Punkte $z_1, z_2, \ldots, z_k$ enthält. — Gilt dies noch für unendliche Folgen (z_n) und (α_n), falls nur $\sum \alpha_n = 1$ ist und $\sum \alpha_n z_n = \zeta$ existiert?

2. Haben die z_ν und α_ν dieselbe Bedeutung wie in der vorigen Aufgabe, so liegt auch jeder Punkt ζ, für den

$$\frac{\alpha_1}{\zeta - z_1} + \frac{\alpha_2}{\zeta - z_2} + \cdots + \frac{\alpha_k}{\zeta - z_k} = 0$$

ist, in dem kleinsten konvexen (abgeschlossenen) Polygon, das die Punkte $z_1, z_2, \ldots, z_k$ einschließt.

3. Das kleinste konvexe (abgeschlossene) Polygon, das die Wurzeln einer ganzen rationalen Funktion $G(z)$ einschließt, enthält auch alle Wurzeln ihrer Ableitung $G'(z)$.

*4. In der Ebene der komplexen Zahlen sind $n \geqq 4$ Punkte gegeben, von denen keine 4 auf einem Kreise liegen. Es sei $l_\nu(z)$ eine lineare Abbildung, für die $l_\nu(z_\nu) = \infty$ ist, und das kleinste konvexe Polygon π_ν, das die Bilder der übrigen enthält, habe a_ν Ecken, $\nu = 1, 2, \ldots, n$. Dann gelten die folgenden Behauptungen:

a) Es ist stets $a_1 + a_2 + \cdots + a_n = 6\ (n - 2)$,

b) die π_ν haben nicht sämtlich 6 oder mehr Ecken,

c) für $n < 12$ tritt unter den π_ν stets ein Dreieck oder ein Viereck auf,

d) fehlen für $n \geqq 12$ die Drei- und Vierecke gänzlich, so gibt es unter den π_ν mindestens 12 Fünfecke.

*5. In der Ebene der komplexen Zahlen sind $n \geqq 4$ Punkte gegeben, von denen keine 4 auf einem Kreise liegen. Sie bestimmen daher $\binom{n}{3}$ verschiedene Kreise. Von diesen Kreisen haben stets genau $2(n-2)$ die Eigenschaft, daß das eine der beiden Gebiete, in die die Ebene durch sie geteilt wird, keinen der gegebenen Punkte enthält.

6. Jedes geschlossene Polygon $\mathfrak{p}$, das sich beliebig selbst überschneidet (d. h. also jeder aus beliebigen endlich vielen aneinandergehängten orientierten Strecken bestehende Linienzug, dessen letzter Punkt mit dem ersten zusammenfällt), läßt sich in eine endliche Anzahl geschlossener doppelpunktfreier Polygone und endlich viele hin und her durchlaufene Strecken zerlegen. Jedes der ersteren wird ganz im positiven oder ganz im negativen Sinne durchlaufen.

§ 2. Zahlenfolgen und unendliche Reihen.

1. Aus der Konvergenz der beiden Reihen

$$\sum_{n=0}^{\infty} a_n \quad \text{und} \quad \sum_{n=0}^{\infty} |b_n - b_{n+1}|$$

folgt für jedes positiv-ganze q die Konvergenz der Reihe

$$\sum_{n=0}^{\infty} a_n b_n^q.$$

2. Aus den beiden unendlichen Reihen $\sum_{n=0}^{\infty} a_n$ und $\sum_{n=0}^{\infty} b_n$ bilde man durch die Festsetzung

$$c_n = a_0 b_n + a_1 b_{n-1} + \cdots + a_n b_0$$

ein dritte Reihe $\sum_{n=0}^{\infty} c_n$. Dann gelten die 3 Sätze:

a) Wenn die beiden ersten Reihen absolut konvergieren und die Summen A bzw. B haben, so konvergiert auch die dritte und hat die Summe $C = AB$.

b) Für die Gültigkeit der Behauptung des Satzes a) ist es hinreichend, wenn von den beiden ersten Reihen nur die eine absolut, die andere wenigstens bedingt konvergiert.

c) Falls alle drei Reihen konvergieren (wenn auch nur bedingt), so besteht zwischen ihren Summen A, B und C jedenfalls die Beziehung $AB = C$.

3. Ist $\sum_{n=0}^{\infty} a_n$ konvergent, so konvergieren auch stets die beiden Reihen

$$\text{a)}\quad a_0 + \sum_{n=1}^{\infty} \frac{a_1 + 2a_2 + \cdots + n a_n}{n(n+1)}$$

$$\text{b)}\quad \sum_{n=0}^{\infty} \frac{1}{2^{n+1}} \left[\binom{n}{0} a_0 + \binom{n}{1} a_1 + \cdots + \binom{n}{n} a_n \right]$$

und haben dieselbe Summe wie $\sum_{n=0}^{\infty} a_n$.

4. Die Reihe $\sum_{n=1}^{\infty} \frac{1}{n^{1+i\alpha}}$ konvergiert für kein reelles α.

5. Die Reihe $\sum_{n=2}^{\infty} \frac{1}{n^{1+i\alpha} \log n}$ konvergiert für jedes reelle $\alpha \neq 0$.

6. Für welche z gilt die durch formale Entwicklung von $(1-1)^z$ entstehende Gleichung

$$\sum_{n=0}^{\infty} (-1)^n \binom{z}{n} = 0\,?$$

*7. Man zeige, daß für $|z| < 1$ die folgenden Identitäten bestehen:

$$\text{a)}\quad \sum_{n=1}^{\infty} (-1)^{n-1} \frac{z^n}{1-z^n} = \sum_{n=1}^{\infty} \frac{z^n}{1+z^n},$$

b) $\sum_{n=1}^{\infty} n \frac{z^n}{1-z^n} = \sum_{n=1}^{\infty} \frac{z^n}{(1-z^n)^2}$,

c) $\sum_{n=1}^{\infty} \frac{(-1)^{n-1}}{n} \frac{z^n}{1-z^n} = \sum_{n=1}^{\infty} \log(1+z^n)$,

d) $\sum_{n=1}^{\infty} \alpha^n \frac{z^n}{1-z^n} = \sum_{n=1}^{\infty} \frac{\alpha z^n}{1-\alpha z^n}$, $|\alpha|<1$.

*8. Ist $f(z) = \sum_{n=0}^{\infty} a_n z^n$ eine Potenzreihe mit dem Konvergenzradius $r > 0$, ist (b_n) eine Zahlenfolge, für die

$$\frac{b_n}{b_{n+1}} \to \beta$$

strebt, und ist hierbei $|\beta| < r$, so strebt

$$\frac{c_n}{b_n} = \frac{a_0 b_n + a_1 b_{n-1} + \cdots + a_n b_0}{b_n} \to f(\beta).$$

*9. Es seien α und β zwei positive Zahlen mit der Summe 1. Es werde bei gegebenem z_0 mit $\Re(z_0) \gtrless 0$

$$z_1 = \alpha z_0 + \frac{\beta}{z_0}$$

gesetzt, so daß auch $\Re(z_1) \gtrless 0$ ist, und allgemein für $n \geq 1$

$$z_n = \alpha z_{n-1} + \frac{\beta}{z_{n-1}}$$

gesetzt, so daß stets $\Re(z_n) \gtrless 0$ ist. Dann strebt

$$z_n \to +1, \text{ falls } \Re(z_0) > 0,$$
$$z_n \to -1, \text{ falls } \Re(z_0) < 0$$

war. Für $\Re(z_0) = 0$ ist die Folge sinnlos oder divergent.

10. Im Anschluß an § 1, Aufg. 1 und I, § 3, Aufg. 6, zeige man folgendes: Es sei (z_n) eine beliebige beschränkte Zahlenfolge und $\mathfrak{K}$ der kleinste konvexe Bereich, der alle ihre Häufungspunkte ζ enthält. Ist dann die Folge (z'_n) wie in I, § 3, Aufg. 6 aus der Folge (z_n) hergeleitet und sind

dabei alle Transformationskoeffizienten $a_{\varkappa\lambda} \geqq 0$, so enthält $\mathfrak{K}$ auch alle Häufungspunkte ζ' der Folge (z'_n).

§ 3. Funktionen einer komplexen Veränderlichen.

1. a) Kann eine für $|z| < 1$ definierte stetige Funktion komplexen Argumentes so beschaffen sein, daß sie nur im Nullpunkt differenzierbar ist? — b) Kann eine in einem Gebiete stetige Funktion $f(z)$ dort ausschließlich längs gewisser Linienzüge differenzierbar sein?

*2. Kann eine in einem Gebiete $\mathfrak{G}$ definierte Funktion $f(z)$ so beschaffen sein, daß sie in überall dicht gelegenen Punkten von $\mathfrak{G}$ differenzierbar und gleichzeitig in anderen überall dicht gelegenen Punkten von $\mathfrak{G}$ nicht differenzierbar ist?

3. Kann eine in einem Gebiete $\mathfrak{G}$ definierte und dort differenzierbare Funktion $f(z)$ in einem Teilgebiete $\mathfrak{G}_1$ von $\mathfrak{G}$ überall reell sein oder allgemeiner einen konstanten reellen oder einen konstanten imaginären Teil oder einen konstanten Arcus oder einen konstanten absoluten Betrag haben?

4. Die Funktion $f(z)$ sei in $|z| < 1$ differenzierbar und ihre Ableitung $f'(z)$ sei dort beschränkt. Dann nimmt $f(z)$ längs $|z| = 1$ stetige Randwerte an, und diese bilden mit $f(z)$ zusammen eine in $|z| \leqq 1$ gleichmäßig stetige Funktion. (Vgl. hierzu I, § 5, Aufg. 8 und 9.)

5. Es ist $\sqrt{x + iy}$

$$= \pm\left\{\sqrt{\tfrac{1}{2}\left(\sqrt{x^2+y^2}+x\right)} + i\sqrt{\tfrac{1}{2}\left(\sqrt{x^2+y^2}-x\right)}\right\}$$

wenn für $\sqrt{x^2+y^2}$ der nicht negative Wert genommen wird und wenn für $y \gtrless 0$ die Vorzeichen der beiden (großen) Wurzeln in der geschweiften Klammer so gewählt werden, daß das Produkt dieser Wurzelwerte dasselbe Vorzeichen wie y hat.

6. Welche Inkonsequenz gegenüber anderweitigen Festsetzungen über Potenzen liegt darin, daß unter e^z allgemein die Summe der Reihe $\sum_{n=0}^{\infty} \frac{z^n}{n!}$ verstanden wird?

7. a) Welche Grenzwerte hat die Funktion $e^{\left(\frac{1}{1-z}\right)^2}$, wenn man sich aus dem Innern des Einheitskreises geradlinig dem Punkte $+1$ nähert?

b) Wie verhält sich $e^{\left(\frac{1}{1-z}\right)^2}$, wenn man sich längs der Peripherie $|z| = 1$ dem Punkte $+1$ nähert?

8. a) Die Funktion z^a ist dann und nur dann eindeutig, wenn a eine reelle ganze Zahl ist.

b) Der Hauptwert der Funktion z^i bleibt für alle z der Ebene seinem Betrage nach unterhalb einer festen Konstanten.

9. Der für $|z| < 1$ reguläre Zweig der Funktion $f(z) = (1 - z)^i$, der in $z = 0$ gleich $+1$ ist, hat einen absoluten Betrag, der für $|z| < 1$ zwischen zwei festen positiven Zahlen liegt.

*10. Wie verhält sich die Funktion $z^3 e^{-i \log^2 z}$, in der $\log z$ den Hauptwert bedeuten soll, wenn sich z aus der (abgeschlossenen) rechten Halbebene her geradlinig gegen 0 bewegt?

§ 4. Integralsätze.

1. a) Kann ein rektifizierbarer Weg so beschaffen sein, daß er in einem oder in unendlich vielen seiner Punkte **keine** Tangente besitzt?

*b) Kann er in überall dicht auf ihm gelegenen Punkten oder gar in allen **keine** Tangente besitzen?

*2. Der rektifizierbare Weg $\mathfrak{k}$ sei durch die Parameterdarstellung

$$x = \varphi(t), \quad y = \psi(t), \quad \alpha \leqq t \leqq \beta,$$

gegeben. Längs $\mathfrak{k}$ seien die Funktionen $f(z)$ und $\varrho(z)$ stetig, die letztere überdies ständig positiv-reell. Es sei $\mathfrak{k}'$ das Bild von $\mathfrak{k}$ bei der Abbildung durch $w = f(z)$. Wird dann

$$\int_{\alpha}^{\beta} f(z)\,\varrho(z)\,dt = \mu \cdot \int_{\alpha}^{\beta} \varrho(z)\,dt$$

gesetzt, so liegt μ in jedem konvexen Polygon, das die Punkte von $\mathfrak{k}'$ enthält.

3. Es sei $F(z)$ eine längs des (abgeschlossenen) Weges $\mathfrak{k}$ stetige Funktion von z. Man zeige, daß der im üblichen Sinne verstandene Grenzwert

$$\lim_{n\to\infty} \left\{ \sum_{\nu=1}^{n} | z_\nu - z_{\nu-1} | \cdot F(\zeta_\nu) \right\} = {}^{(\mathfrak{k})}\!\int F(z)\,|\,dz\,|$$

stets vorhanden ist (s. K I, § 9).

4. Ist $f(z)$ eine längs des Weges $\mathfrak{k}$ stetige Funktion von z, so ist stets

$$|\,{}^{(\mathfrak{k})}\!\int f(z)\,dz\,| \leqq {}^{(\mathfrak{k})}\!\int |\,f(z)\,|\,|\,dz\,|,$$

wenn das rechtsstehende Integral im Sinne der vorigen Aufgabe (mit $F(z) = |\,f(z)\,|$) verstanden wird.

5. Wie hängt das in Aufg. 3 definierte Integral mit den Kurvenintegralen

$${}^{(\mathfrak{k})}\!\int U(x, y)\,ds \quad \text{und} \quad {}^{(\mathfrak{k})}\!\int V(x, y)\,ds$$

zusammen, wenn $F(z) = U(x, y) + iV(x, y)$ gesetzt wird?

6. Man beweise den in I, § 5, Aufg. 13 formulierten Satz ohne Zerlegung in Reelles und Imaginäres durch Benutzung der Cauchyschen Integralformeln.

7.* Die Funktion $F(z, t)$ sei definiert, sobald z in einem Gebiete $\mathfrak{G}$ und zugleich t auf einem Wege $\mathfrak{k}$ der z-Ebene liegt, der a mit b verbindet. Für alle diese Wertepaare sei überdies $F(z, t)$ beschränkt, etwa $|\,F(z, t)\,| < M$. Wenn dann $F(z, t)$

a) für jedes feste t auf $\mathfrak{k}$ eine in $\mathfrak{G}$ reguläre Funktion von z ist und

b) für jedes feste z aus $\mathfrak{G}$ eine längs $\mathfrak{l}$ stetige Funktion von t ist, so wird durch

$$^{(\mathfrak{l})}\int_a^b F(z, t)\,dt = f(z)$$

eine innerhalb $\mathfrak{G}$ reguläre Funktion von z definiert, für deren Ableitung die Darstellung gilt:

$$f'(z) = {}^{(\mathfrak{l})}\int_a^b F'_z(z, t)\,dt.$$

[Anl.: Man betrachte das Integral

$$\frac{1}{2\pi i}\, {}^{(\mathfrak{l})}\int_a^b \left\{ {}^{(\mathfrak{K})}\int \frac{F(\zeta, t)}{\zeta - z}\,d\zeta \right\} dt,$$

in dem $\mathfrak{K}$ eine kleine Peripherie um z bedeutet, und wende die Methoden aus K I, § 16 an.]

§ 5. Reihenentwicklungen.

1. Es sei $\mathfrak{G}$ ein abgeschlossenes, beschränktes Gebiet. Die Reihe $\sum_{n=0}^{\infty} f_n(z)$ sei gleichmäßig konvergent in einer gewissen Umgebung eines jeden Punktes z_0 von $\mathfrak{G}$, soweit sie zu $\mathfrak{G}$ gehört. Dann ist die Reihe in $\mathfrak{G}$ gleichmäßig konvergent.

2. Man beweise den Satz K I, § 19, Satz 3, ohne Hilfe des Satzes von Morera, etwa auf Grund der Cauchyschen Integralformel und der Sätze K I, § 16.

3. Im Anschluß an K I, § 19, Satz 3, zeige man, daß, wenn neben der Reihe $\sum f_n(z)$ auch die Reihe $\sum |f_n(z)|$ in jedem $\mathfrak{G}'$ gleichmäßig konvergiert, dieser Satz 3 dahin verschärft werden kann, daß auch die Reihen $\sum |f_n^{(p)}(z)|$ bei festem p in jedem $\mathfrak{G}'$ noch gleichmäßig konvergieren.

4. Die Funktionen $f_0(z)$, $f_1(z)$, ... seien in $\mathfrak{G}$ regulär und $\sum_{n=0}^{\infty} f_n(z) = F(z)$ sei in jedem abgeschlossenen Teilgebiet

von $\mathfrak{G}$ gleichmäßig konvergent, aber $F(z)$ nicht identisch gleich 0. Dann sind die innerhalb von $\mathfrak{G}$ gelegenen Nullstellen von $F(z)$ identisch mit den dort gelegenen Häufungsstellen der Nullstellen der Abschnitte

$$s_n(z) = f_0(z) + \cdots + f_n(z).$$

5. Die Potenzreihe

$$f(z) = (1-z)^{-i} = \sum_{n=0}^{\infty} (-1)^n \binom{-i}{n} z^n = \sum_{n=0}^{\infty} b_n z^n$$

ist für $|z| < 1$ konvergent und es ist dort $|f(z)| < e^{\frac{\pi}{2}}$. Man zeige überdies, daß

$$|nb_n| \to \left(\frac{e^{\pi} - e^{-\pi}}{2\pi}\right)^{\frac{1}{2}}$$

strebt.

6. Der Hauptwert der Funktion $(1+z)^{\frac{1}{z}}$ ist in der Umgebung des Nullpunktes regulär. Man stelle den Anfang der zugehörigen Potenzreihenentwicklung auf.

*7. Im Anschluß an die Aufgabe I, § 10, 1a stelle man die vollständige Potenzreihenentwicklung der Funktion

$$f(z) = e^{\alpha \frac{z}{1-z}} = \sum_{n=0}^{\infty} c_n z^n$$

auf und zeige, daß für positive α die Vorzahlen c_n eine Abschätzung der Form

$$c_n = e^{2\sqrt{\alpha n}(1+\varepsilon_n)}$$

gestatten, in der die ε_n eine Nullfolge bilden.

II. Kapitel.

Singuläre Stellen.

§ 6. Die Laurentsche Entwicklung.

1. In dem von dem geschlossenen doppelpunktfreien Wege $\mathfrak{K}_1$ begrenzten Gebiete liege der geschlossene doppel-

punktfreie Weg $\mathfrak{K}_2$. In dem Ringgebiete $\mathfrak{G}$ zwischen beiden sei $f(z)$ eindeutig und regulär. Dann kann

$$f(z) = f_1(z) + f_2(z)$$

gesetzt werden, wenn $f_1(z)$ eine innerhalb $\mathfrak{K}_1$ und $f_2(z)$ eine außerhalb $\mathfrak{K}_2$ (einschließlich ∞) reguläre Funktion bedeutet. Durch diese Zerlegung von $f(z)$ sind überdies die Funktionen $f_1(z)$ und $f_2(z)$ bis auf eine additive Konstante eindeutig bestimmt.

2. Man erweitere den Satz der vorigen Aufgabe für den Fall, daß $\mathfrak{K}_1$ mehrere geschlossene Wege $\mathfrak{K}_2, \mathfrak{K}_3, \ldots, \mathfrak{K}_m$ $(m > 2)$ umschließt, die einander nicht treffen noch umschließen, und daß nun $f(z)$ in demjenigen Gebiete als eindeutig und regulär vorausgesetzt wird, das innerhalb $\mathfrak{K}_1$, aber außerhalb eines jeden der Wege $\mathfrak{K}_2, \ldots, \mathfrak{K}_m$ liegt.

3. Man entwickle die Funktion

a) $e^{\frac{1}{z-1}}$ für $|z| > 1$,

b) $\sqrt{(z-1)(z-2)}$ für $|z| > 2$,

c) $\dfrac{1}{(z-a)(z-b)}$ für $0 < |a| < |z| < |b|$,

d) dieselle Funktion für $|z| > b$,

e) $\log \dfrac{1}{1-z}$ für $|z| > 1$

in ihre Laurentsche Reihe.

4. Es sei

$$g(z) = \sum_{n=0}^{\infty} a_n z^n \text{ eine ganze Funktion von } z,$$

$$\gamma(z) = \sum_{n=0}^{\infty} \frac{\alpha_n}{z^n} \text{ eine ganze Funktion von } \frac{1}{z}.$$

Wo ist die Funktion $g(z) \cdot \gamma(z)$ regulär und wie lautet dort ihre Laurentsche Entwicklung?

5. Es seien $\sum_{n=-\infty}^{+\infty} a_n z^n$ und $\sum_{n=-\infty}^{+\infty} b_n z^n$ zwei in demselben Kreisringe konvergente Laurentsche Entwicklungen. Wie lautet die Laurentsche Entwicklung des Produktes der durch sie dargestellten Funktionen?

6. Wie lautet die Laurentsche Entwicklung für die in $0 < |z| < +\infty$ reguläre Funktion

$$e^{c\left(z+\frac{1}{z}\right)}?$$

§ 7. Die verschiedenen Arten singulärer Stellen.

1. Was für eine singuläre Stelle haben die folgenden Funktionen in $z = \infty$:

a) $\frac{z^2+4}{e^z}$, b) $\sqrt{(z-1)(z-2)}$, c) $\cos z - \sin z$,

d) $\frac{1}{\cos z}$, e) $\operatorname{ctg} z$, f) $e^{-\frac{1}{z^2}}$,

g) $\sin\frac{1}{1-z}$, h) $\frac{1}{1-e^z}$, i) $\frac{1-e^z}{1+e^z}$?

2. Was für eine Singularität hat die Funktion

a) $e^{\frac{1}{z}}$ in $z = 0$, b) $\sin\frac{1}{1-z}$ in $z = 1$,

c) $\frac{1}{1-e^z}$ in $z = 2\pi i$, d) $\frac{1}{\sin z - \cos z}$ in $z = \frac{\pi}{4}$?

3. Im Punkte z_0 habe die Funktion $f_1(z)$ eine Nullstelle α^{ter} Ordnung, die Funktion $f_2(z)$ einen Pol β^{ter} Ordnung $(\alpha > 0, \beta > 0)$. Was für eine Stelle ist z_0 für eine der Funktionen

$$f_1 \pm f_2,\quad f_1 \cdot f_2,\quad \frac{f_1}{f_2},\quad \frac{f_2}{f_1}\;?$$

4. Man beweise die Tatsache, daß e^z keine Nullstellen besitzt, mit Hilfe des Satzes 2 in K I, § 33.

5. Welche wesentliche Verschiedenheit besteht zwischen dem Verhalten der reellen Funktion

$$y = \begin{cases} e^{-\frac{1}{x^2}} & \text{für } x \neq 0, \\ 0 & \text{für } x = 0 \end{cases}$$

und der Funktion komplexen Arguments $w = e^{-\frac{1}{z^2}}$ in der Nähe des Nullpunktes?

6. Die Funktion $f(z)$ habe in z_0 einen Pol β^{ter} Ordnung ($\beta \geqq 1$) und sei sonst in dem Kreise $\mathfrak{K}$ um z_0 regulär. Unter welchen Bedingungen sind die Funktionen

$$F_0(z) = {}^{(\mathfrak{k})}\int_{z_1}^{z} f(z)\,dz \quad \text{und} \quad F_1(z) = {}^{(\mathfrak{k})}\int_{z_1}^{z} f(z)\,dz,$$

$$(\mathfrak{k} \text{ und } z_1 \neq z_0 \text{ in } \mathfrak{K}),$$

in der Umgebung von z_0 eindeutig und regulär, und wie verhalten sie sich in solchem Falle in z_0?

7. Es sei $\mathfrak{k}$ ein beliebiger beschränkter Weg (geschlossen oder offen) und $\varphi(z)$ eine längs $\mathfrak{k}$ definierte und dort stetige Funktion. Dann ist (s. K I, § 16)

$$f(z) = \frac{1}{2\pi i}\,{}^{(\mathfrak{k})}\int \frac{\varphi(\zeta)}{\zeta - z}\,d\zeta$$

außerhalb eines hinreichend großen Kreises $\mathfrak{K}$ um 0 eindeutig und regulär. Wie verhält sich $f(z)$ in $z = \infty$?

8. Es sei $f(z)$ für $|z| > R$ eindeutig und, von $z = \infty$ etwa abgesehen, auch regulär. Unter welchen Bedingungen ist dort auch die Funktion

$$F(z) = {}^{(\mathfrak{k})}\int_{z_0}^{z} f(\zeta)\,d\zeta$$

eindeutig und regulär, wenn z_0 und $\mathfrak{z}$ in $|z| > R$ liegen? Und was folgt aus dem Verhalten von $f(z)$ in ∞ über dasjenige von $F(z)$ in ∞?

9. Man beweise den Riemannschen Satz K I, § 32, Satz 3 ohne Benutzung der Laurentschen Entwicklung direkt mit Hilfe der Darstellung

$$f(z) = \frac{1}{2\pi i} \overset{(\mathfrak{K}_1)}{\int} \frac{f(\zeta)}{\zeta - z}\, d\zeta - \frac{1}{2\pi i} \overset{(\mathfrak{K}_2)}{\int} \frac{f(\zeta)}{\zeta - z}\, d\zeta,$$

in der $\mathfrak{K}_1$ und $\mathfrak{K}_2$ zwei passende Kreise um z_0 bedeuten und z im Ringgebiete zwischen beiden liegt.

10. Man beweise den Casorati-Weierstraßschen Satz „$|f(z) - c| < \varepsilon$" (s. K I, § 28, Satz 5), indem man die entgegengesetzte Annahme „$\left|\frac{1}{f(z) - c}\right| \leq \frac{1}{\varepsilon}$" mit Hilfe des nach der vorigen Aufgabe bewiesenen Riemannschen Satzes als unzulässig dartut.

*11. Die Funktion $w = f(z)$ habe in z_0 eine wesentlich singuläre Stelle; dann gibt es in jeder Nähe jeder komplexen Zahl c eine andre Zahl a, so daß $f(z)$ in der Umgebung von z_0 unendlich viele a-Stellen hat.

§ 8. Residuensatz, Nullstellen und Pole

1. Mit Hilfe des Satzes von Rouché in K II, § 11, S. 97, beweise man den Fundamentalsatz der Algebra, indem man $\varphi(z) = a_0 + a_1 z + \cdots + a_{n-1} z^{n-1}$ und $f(z) = a_n z^n$, $(a_n \neq 0)$, setzt und für $\mathfrak{C}$ einen Kreis mit hinlänglich großem Radius wählt.

2. Der Satz „Wenn die ganze rationale Funktion $g(z)$ lauter reelle Wurzeln hat, so hat auch ihre Ableitung $g'(z)$ lauter reelle Wurzeln" (vgl. § 1, Aufg. 3) gilt nicht für ganze transzendente Funktionen. Man belege diese Behauptung durch ein Beispiel.

3. Man bestimme die Residuen von

a) $\frac{1}{\sin z}$ in $z = k\pi$, $k = 0, \pm 1, \pm 2, \ldots$,

b) $\frac{z}{(z-1)(z-2)^2}$ in $z = +1$ und $z = +2$,

c) $\frac{a}{(z-z_1)^m (z-z_2)}$ in z_1 und $z_2 \neq z_1$, ($a \neq 0$, $m \geqq 1$ ganz),

d) $\operatorname{tg} z$ in $z = z_k = \frac{\pi}{2} + k\pi$, e) $e^{\frac{1}{z}}$ in $z = 0$,

f) $e^{\frac{1}{z-1}}$ in $z = +1$, g) $\frac{1}{1-e^z}$ in $z = 2k\pi i$.

4. Die Funktion $f(z)$ habe in z_0 eine Nullstelle α^{ter} Ordnung. Welches ist das Residuum von

$$z\frac{f'(z)}{f(z)} \quad \text{und} \quad \varphi(z)\frac{f'(z)}{f(z)}$$

in z_0, wenn $\varphi(z)$ eine beliebige in z_0 reguläre Funktion bedeutet? Wie lautet die Antwort, wenn $f(z)$ in z_0 einen Pol β^{ter} Ordnung hat?

5. Im Anschluß an die vorige Aufgabe bestimme man den Wert und die Bedeutung der Integrale

$$\frac{1}{2\pi i}\int^{(\mathfrak{C})} z\frac{f'(z)}{f(z)}\,dz \quad \text{und} \quad \frac{1}{2\pi i}\int^{(\mathfrak{C})} \varphi(z)\frac{f'(z)}{f(z)}\,dz,$$

wenn bezüglich $f(z)$ und $\mathfrak{C}$ die Voraussetzungen des Satzes 2 oder die des Satzes 3 aus K I, § 33, gemacht werden.

6. In z_0 seien $f(z)$ und $g(z)$ regulär, es sei $f(z_0) \neq 0$, während $g(z)$ in z_0 von der zweiten Ordnung verschwindet, Welches Residuum hat $\frac{f(z)}{g(z)}$ im Punkte z_0? Wie lautet die

Antwort, wenn $g(z)$ in z_0 von der dritten Ordnung verschwindet?

7. Man bestimme mit Hilfe des Residuensatzes die Integrale

a) $\overset{(\mathfrak{C})}{\int} \frac{e^z}{z}\,dz$, falls $\mathfrak{C}$ der Kreis $|z| = 1$ ist,

b) $\overset{(\mathfrak{C})}{\int} \operatorname{tg} \pi z\,dz$, falls $\mathfrak{C}$ der Kreis $|z| = n$, $n = 1, 2, 3, \ldots$, ist,

c) $\overset{(\mathfrak{C})}{\int} \frac{f(z)}{(z - z_1)(z - z_2)\ldots(z - z_k)}\,dz$,

falls $\mathfrak{C}$ der Kreis $|z| = R$ ist und unter der Annahme, daß die z_ν voneinander verschieden und alle $|z_\nu| < R$ sind und daß $f(z)$ in $|z| \leqq R$ eindeutig und regulär ist.

8. Es sei $R(x) = \dfrac{a_0 + a_1 x + \cdots + a_m x^m}{b_0 + b_1 x + \cdots + b_k x^k}$ eine rationale Funktion mit reellen Vorzahlen, deren Nenner für keinen reellen Wert von x verschwindet, während der Grad des Nenners den des Zählers um mindestens zwei Einheiten übertrifft ($a_m \neq 0$, $b_k \neq 0$, $k \geqq m + 2$). Dann ist das reelle Integral

$$\int_{-\infty}^{+\infty} R(x)\,dx$$

konvergent und gleich $2\pi i$ mal der Summe S der Residuen der in der oberen Halbebene gelegenen Pole von $R(z)$.

9. Im Anschluß an I, § 7, Aufg. 5 und 6 zeige man, daß

$$J = \int_0^\infty \frac{\sin x}{x}\,dx = \frac{\pi}{2}$$

ist. [Anl.: Das erste und dritte der dortigen Integrale ergeben zusammen

$$2i \int_{\varrho}^{r} \frac{\sin x}{x}\, dx. \Big|$$

*10. Unter Verwertung des reellen Integrals $\int\limits_0^\infty e^{-t^2} dt$ $= \frac{1}{2} \int\limits_0^\infty e^{-u} u^{-\frac{1}{2}} du = \frac{1}{2} \Gamma(\frac{1}{2}) = \frac{1}{2} \sqrt{\pi}$ (s. K II, § 6, 3. Beispl., (6)) berechne man die Fresnelschen Integrale

$$\int\limits_0^\infty \cos(t^2) dt = \int\limits_0^\infty \sin(t^2) dt = \frac{1}{2} \sqrt{\frac{\pi}{2}},$$

indem man die ganze Funktion e^{-z^2} über den geschlossenen Weg $\mathfrak{C}$ integriert, der von 0 geradlinig nach $+R$, von hier längs $|z| = R$ zum Punkte $z_1 = Re^{i\frac{\pi}{4}}$ und von hier geradlinig zurück nach 0 führt. (Man läßt dann $R \to +\infty$ streben.)

III. Kapitel.

Ganze und meromorphe Funktionen.

§ 9. Unendliche Produkte. Weierstraßscher Produktsatz.

1. Es soll die Konvergenz und der Wert der folgenden Produkte mit konstanten Faktoren festgestellt werden:

a) $\prod\limits_{n=1}^{\infty} \left(1 + \frac{1}{n(n+2)}\right)$; b) $\prod\limits_{n=2}^{\infty} \left(1 - \frac{2}{n(n+1)}\right)$;

c) $\prod\limits_{n=2}^{\infty} \frac{n^3 - 1}{n^3 + 1}$; d) $\frac{2}{1} \cdot \frac{5}{4} \cdot \ldots \cdot \frac{n^2+1}{n^2} \cdot \ldots$.

2. Die reellen Zahlen ϑ_n sollen für jedes $n = 1, 2, 3, \ldots$ der Bedingung $0 < \vartheta_n < 1$ genügen, sonst aber ganz beliebig sein. Dann ist die Reihe

$$\vartheta_1 + [\vartheta_2(1-\vartheta_1)] + \cdots + [\vartheta_n(1-\vartheta_1)\cdots(1-\vartheta_{n-1})] + \cdots$$

stets konvergent.

3. Der Satz 4 in K II, § 2, soll a) mit, b) ohne Benutzung der Exponentialfunktion bewiesen werden.

4. Es sei $\sum |a_n|^2$ konvergent. Dann sind die beiden Reihen $\sum a_n$ und $\sum \log(1+a_n)$, bei denen alle $a_n \neq -1$ angenommen sind und unter log der Hauptwert verstanden werden soll, entweder beide konvergent oder beide divergent. Im ersten Falle ist die Konvergenz entweder bei beiden eine absolute oder bei beiden eine bedingte.

5. Es soll das Gebiet der absoluten Konvergenz der folgenden Produkte mit veränderlichen Gliedern festgestellt werden:

a) $\prod\limits_{n=1}^{\infty}(1-z^n)$; b) $\prod\limits_{n=0}^{\infty}(1+z^{2^n})$;

c) $\prod\limits_{n=0}^{\infty}(1+c_n z)$, wenn $\sum\limits_{n=0}^{\infty}|c_n|$ konvergiert;

d) $\prod\limits_{n=1}^{\infty}\left(1-\frac{1}{n^z}\right)$; e) $\prod\left(1-\frac{1}{p^z}\right)$,

wenn hierin p alle Primzahlen durchläuft.

6. Für $|z|<1$ ist

a) $(1+z)(1+z^2)(1+z^4)(1+z^8)\cdots = \frac{1}{1-z}$;

b) $\frac{1}{(1-z)(1-z^3)(1-z^5)\cdots} = (1+z)(1+z^2)(1+z^3)\cdots$.

(Vgl. K II, § 2, Satz 6.)

7. Die Funktionen $f_n(z)$, $n=1, 2, \ldots$, seien im Kreise $|z|<r$ regulär und $\sum |f_n(z)|$ sei in jedem kleineren Kreise $|z| \leqq \varrho < r$ gleichmäßig konvergent, so daß (nach K II, § 2, Satz 7)

$$F(z) = \prod_{n=1}^{\infty}(1+f_n(z)) = \sum_{\lambda=0}^{\infty} A_\lambda z^\lambda$$

eine für $|z|<r$ reguläre Funktion ist. Setzt man nun $f_n(z)=\sum_{\lambda=0}^{\infty} a_\lambda^{(n)} z^\lambda$, also

$$F(z)=\sum_{\lambda=1}^{\infty} A_\lambda z^\lambda=\prod_{n=1}^{\infty}(1+a_0^{(n)}+a_1^{(n)}z+\cdots),$$

so wird behauptet, daß die Reihe $\sum A_\lambda z^\lambda$ auch durch gliedweises Ausmultiplizieren des letzten Produktes gewonnen werden kann, d. h., daß, wenn

$$(*)\qquad P_n(z)=\prod_{\nu=1}^{n}(1+f_\nu(z))=\sum_{\lambda=0}^{\infty} A_\lambda^{(n)} z^\lambda$$

gesetzt wird, für jedes $\lambda=0,1,2,\ldots$

$$\lim_{n\to\infty} A_\lambda^{(n)}=A_\lambda$$

ist.

8. Auf Grund des Satzes der vorigen Aufgabe multipliziere man das Produkt

$$\sin\pi z=\pi z\cdot\prod_{n=1}^{\infty}\left(1-\frac{z^2}{n^2}\right)$$

gliedweise aus und vergleiche das Ergebnis mit der Potenzreihe für $\sin\pi z$, — wenigstens hinsichtlich der Koeffizienten von z^3 und z^5.

9. Auf Grund des Satzes in Aufgabe 7 entwickle man die folgenden Produkte in eine Potenzreihe:

a) $\prod_{n=1}^{\infty}(1+c_n z)=\sum_{\nu=0}^{\infty} C_\nu z^\nu$, falls $\sum|c_n|$ konvergiert;

*b) $f(z)=\prod_{n=1}^{\infty}(1+q^{2n-1}z)=\sum_{\nu=1}^{\infty} A_\nu z^\nu$, falls $|q|<1$;

Anl.: Es ist $f(z)=(1+qz)\,f(q^2z)$, woraus sich durch Koeffizientenvergleich Rekursionsformeln ergeben.

c) $\prod_{n=1}^{\infty}(1+c_n z)\left(1+\frac{c_n}{z}\right)=\sum_{\nu=-\infty}^{+\infty} D_\nu z^\nu$,

falls $\sum|c_n|$ konvergiert;

$$*\text{d)}\ F(z) = \prod_{n=1}^{\infty} (1 + q^{2n-1} z)\left(1 + \frac{q^{2n-1}}{z}\right) = \sum_{\nu=-\infty}^{+\infty} B_\nu z^\nu,$$

falls $|q| < 1$;

Anl.: Es ist $F(z) = qzF(q^2 z)$, woraus sich durch Koeffizientenvergleich wieder Rekursionsformeln für die B_ν ergeben, vermöge deren $B_1, B_2, \ldots$ sich durch B_0 ausdrücken lassen. Es wird $B_\nu = q^{\nu^2} \cdot B_0$. Aus $q^{\nu^2} \cdot B_0 = A_\nu + A_1 A_{\nu+1} + \cdots$, was wie bei c) erhalten wird, ergibt sich schließlich B_0 durch $B_0 = \lim\limits_{\nu \to \infty} \dfrac{A_\nu}{q^{\nu^2}}$.

*e) $\prod\limits_{n=1}^{\infty} (1 - z^n)$. Anl.: Man ersetze in d) z durch $-z^{\frac{1}{2}}$ und q durch $z^{\frac{3}{2}}$, $|z| < 1$.

10. Aus dem sin-Produkt leite man her:

a) $\sqrt{2} = \frac{2}{1} \cdot \frac{2}{3} \cdot \frac{6}{5} \cdot \frac{6}{7} \cdot \frac{10}{9} \cdot \frac{10}{11} \cdot \frac{14}{13} \cdot \cdots$;

b) $\sqrt{3} = 2 \cdot \frac{2}{3} \cdot \frac{4}{3} \cdot \frac{8}{9} \cdot \frac{10}{9} \cdot \frac{14}{15} \cdot \frac{16}{15} \cdot \cdots$.

11. Man stelle Produktentwicklungen für die folgenden ganzen Funktionen auf:

a) $e^z - 1$; b) $e^z - e^{z_0}$; c) $\cos \pi z$;

d) $\sin \pi z - \sin \pi z_0$; e) $\cos \pi z - \cos \pi z_0$.

*12. Man beweise die folgende Übertragung des Weierstraßschen Produktsatzes auf das Gebiet des Einheitskreises:

$z_1, z_2, \ldots, z_n, \ldots$ sei eine beliebige Folge verschiedener innerhalb des Einheitskreises gelegener Punkte, die innerhalb des Einheitskreises keinen Häufungspunkt haben (sondern also nur auf dessen Peripherie), und es sei $\alpha_1, \alpha_2, \ldots, \alpha_n, \ldots$ eine Folge beliebiger positiver ganzer Zahlen. Dann läßt sich stets eine Funktion $f(z)$ konstruieren — und zwar in einer dem Weierstraßschen Produkt genau analogen Form —, die im Einheitskreise regulär ist und die dort genau an den Stellen z_n (und keinen andern) Nullstellen der Ordnung α_n hat.

Wegen weiterer Verallgemeinerung auf beliebige Gebiete an Stelle des Einheitskreises vgl. § 11, Aufg. 7.

13. Man bilde mit Hilfe des in der vorigen Aufgabe formulierten Satzes Funktionen, die den Einheitskreis zur natürlichen Grenze haben, aber im Innern desselben regulär sind.

§ 10. Ganze Funktionen.

1. Eine ganze Funktion, die jeden Wert ein und nur einmal annimmt, ist eine ganze lineare Funktion.

2. Die inverse Funktion zu einer ganzen Funktion kann nicht wieder eine ganze Funktion sein, außer wenn es sich um eine lineare Funktion handelt.

3. Der Liouvillesche Satz, daß eine beschränkte ganze Funktion $g(z)$ eine Konstante ist, soll ausschließlich mit Hilfe der Potenzreihenentwicklung der ganzen Funktionen (also ohne Benutzung der Cauchyschen Integralformel, wie sie in K I, § 28 herangezogen wurde) bewiesen werden.

Anl.: Man betrachte den Quotienten $g_1(z) = \dfrac{g(z) - g(z_0)}{z - z_0}$ für große z und verwende den Satz 5 in K I, § 20.

4. Gibt es ganze transzendente Funktionen $g(z)$, für die auf jedem Halbstrahl aus dem Nullpunkt $|g(z)| \to +\infty$ strebt?

5. Die Funktion $f(z)$ sei in z_0 regulär. Wenn dann die Reihe $\sum\limits_{n=0}^{\infty} f^{(n)}(z_0)$ konvergiert, so ist $f(z)$ eine ganze Funktion und die Reihe $\sum\limits_{n=0}^{\infty} f^{(n)}(z)$ konvergiert für jedes z.

6. Es lassen sich ganze Funktionen angeben, die an gegebenen Stellen $z_1, z_2, \ldots, z_n, \ldots$, wofern diese sich nirgends im Endlichen häufen, gegebene Werte $w_1, w_2, \ldots, w_n, \ldots$ annehmen.

7. Es seien $\alpha \neq 0$ und β beliebig gegebene reelle Zahlen. Dann gibt es stets eine ganze Funktion $g(z) = \sum_{n=0}^{\infty} a_n z^n$ mit reellen, rationalen Vorzahlen a_n, so daß $g(\alpha) = \beta$ ist.

8. Die in der vorigen Aufgabe ausgesprochene Behauptung bleibt auch richtig, wenn das Wort „reell" an beiden Stellen gestrichen wird.

9. Das Maximum des Betrages $|g(z)|$ einer ganzen Funktion $g(z)$ im Kreise $|z| \leqq r$ wird nach K I, § 20, Satz 5, in gewissen Punkten des Randes $|z| = r$ erreicht. Dieses Maximum werde mit $M(r)$ bezeichnet. Man zeige, daß $M(r)$ nicht nur eine monotone, sondern auch eine stetige Funktion der reellen Veränderlichen r ist.

10. Man stelle die in der vorigen Aufgabe definierte Funktion $M(r)$ für die ganzen transzendenten Funktionen e^z, $\sin z$, $\cos z$, $\frac{\sin \sqrt{z}}{\sqrt{z}}$ her.

*11. Man zeige an Beispielen, daß die in der zweitletzten Aufgabe definierte Funktion $M(r)$ keine analytische Funktion der reellen Veränderlichen r zu sein braucht.

§ 11. Teilbruchreihen. Mittag-Lefflerscher Satz.

1. Man stelle die Mittag-Lefflersche Teilbruchzerlegung für die folgenden meromorphen Funktionen auf:

a) $\operatorname{tg} z$ oder etwas bequemer $\frac{\pi}{2} \operatorname{tg} \frac{\pi z}{2}$;

b) $\frac{1}{\sin z}$ oder $\frac{\pi}{\sin \pi z}$; c) $\frac{\pi}{\cos \pi z}$;

d) $\frac{1}{e^z - 1}$; e) $\frac{\pi}{\cos \pi z - \sin \pi z}$.

2. Man führe die in K II, § 6, S. 44/45 angedeutete Herleitung des Weierstraßschen aus dem Mittag-Lefflerschen Satze vollständig durch.

3. Gilt der Mittag-Lefflersche Satz in der K II, § 4, S. 37, formulierten Gestalt auch dann noch, wenn die vorgeschriebenen Hauptteile $h_\nu(z)$ unendlich viele negative Potenzen von $(z - z_\nu)$ enthalten dürfen? Es würde sich dann um Funktionen handeln, die in der ganzen Ebene nur isolierte singuläre Stellen haben, und um die Frage, ob an jeder dieser Stellen der absteigende Ast der zugehörigen Laurent-Entwicklung vorgeschrieben werden kann, und ob bzw. inwieweit eine solche Funktion dadurch bestimmt ist.

4. Darf — bei der Fragestellung der vorigen Aufgabe — auch an allen oder einigen oder einer der Stellen ein Anfangsstück des aufsteigenden Astes oder gar der ganze aufsteigende Ast der Laurent-Entwicklung vorgeschrieben werden?

*5. Man übertrage den Mittag-Lefflerschen Satz (ähnlich wie in § 9, Aufg. 12, den Weierstraßschen) auf den Einheitskreis, beweise also den Satz: Sind $z_0, z_1, \ldots, z_\nu, \ldots$ irgendwelche Punkte, für die $|z_\nu| < 1$, aber $|z_\nu| \to 1$ gilt, sind die $h_\nu(z)$ irgendwelche Hauptteile (mit endlich oder unendlich vielen negativen Potenzen), so gibt es stets eine Funktion $M_0(z)$, die für $|z| < 1$ eindeutig und, außer an den Stellen z_ν, auch regulär ist und die an den Stellen z_ν selbst isolierte singuläre Stellen mit $h_\nu(z)$ als absteigendem Ast der Laurent-Entwicklung hat.

*6. In Verallgemeinerung des Mittag-Lefflerschen Satzes und desjenigen der vorigen Aufgabe beweise man den folgenden Satz: Es sei $\mathfrak{M}$ eine unendliche Punktmenge, die nur aus isolierten Punkten besteht und daher abzählbar ist

(Beweis?). Es seien $z_1, z_2, \ldots, z_\nu, \ldots$ ihre Punkte und $\mathfrak{M}'$ die Menge der Häufungspunkte von $\mathfrak{M}$. Jedem Punkte z_ν sei ferner ein Hauptteil $h_\nu(z)$ zugeordnet. Dann läßt sich ähnlich wie beim Mittag-Lefflerschen Satz und bei dem der vorigen Aufgabe eine unendliche Reihe aufstellen, die für jedes z, das weder zu $\mathfrak{M}$ noch zu $\mathfrak{M}'$ gehört, konvergiert. Diese stellt überdies in jedem Gebiete $\mathfrak{G}$ der z-Ebene, das keinen Punkt von $\mathfrak{M}'$ enthält, eine eindeutige analytische Funktion dar, die in $\mathfrak{G}$ überall regulär ist, außer in den dort gelegenen Stellen z_ν, wo die Funktion singuläre Stellen mit den Hauptteilen $h_\nu(z)$ besitzt.

*7. Aus dem Satz der vorigen Aufgabe leite man eine analoge Erweiterung des Weierstraßschen Produktsatzes her und formuliere den dadurch gewonnenen Satz.

8. Haben $\mathfrak{M}$ und $\mathfrak{M}'$ dieselbe Bedeutung wie in Aufg. 6 und sind $w_1, w_2, \ldots$ irgendwelche komplexe Zahlen, so läßt sich stets ein Ausdruck hinschreiben, der in jedem nicht zu $\mathfrak{M}$ und $\mathfrak{M}'$ gehörigen Punkte z einen bestimmten Wert hat und der in jedem Gebiete $\mathfrak{G}$ der Ebene, das keinen Punkt von $\mathfrak{M}'$ enthält, eine reguläre analytische Funktion darstellt, die in den zu $\mathfrak{G}$ gehörigen Punkten z_ν den Wert w_ν hat.

9. In Erweiterung des in der vorigen Aufgabe genannten Satzes beweise man den (in gewissem Sinne diesen ganzen Fragenkreis abschließenden) Satz, daß der in Aufg. 6 formulierte Satz auch dann noch gilt, wenn die dort vorgeschriebenen Hauptteile $h_\nu(z)$ noch je eine bestimmte Anzahl Glieder mit nicht-negativen Potenzen enthalten und also die Form

$$H_\nu(z) = \sum_{k=-\infty}^{\beta_\nu} a_k^{(\nu)} (z - z_\nu)^k$$

haben dürfen, bei der die β_ν gegebene nicht-negative ganze Zahlen sind.

§ 12. Meromorphe Funktionen.

1. Die Folge der Funktionen

$$g_n(z) = \frac{n!\, n^z}{z(z+1)(z+2)\cdots(z+n)}, \quad n = 1, 2, \ldots,$$

ist in jedem beschränkten abgeschlossenen Gebiete, das keinen der Punkte $0, -1, -2, \ldots$ enthält, **gleichmäßig** konvergent (natürlich gegen $\Gamma(z)$).

2. Es seien z_1 und z_2 zwei beliebige von $0, -1, -2, \ldots$ verschiedene Zahlen und $z_1 \neq z_2$. Unter welchen Bedingungen ist

$$\lim_{n\to\infty} \frac{z_1(z_1+1)\cdots(z_1+n)}{z_2(z_2+1)\cdots(z_2+n)}$$

vorhanden und welchen Wert hat dann der Grenzwert?

3. Die sogen. Fakultätenreihe

$$F(z) = \sum_{n=1}^{\infty} \frac{n!\, a_n}{z(z+1)\cdots(z+n)}$$

ist in genau denselben Punkten der z-Ebene konvergent wie die Dirichletsche Reihe

$$f(z) = \sum_{n=1}^{\infty} \frac{a_n}{n^z},$$

wofern die Punkte $0, -1, -2, \ldots$ außer Betracht gelassen werden.

4. Die beiden in der vorigen Aufgabe genannten Reihen sind auch in genau denselben **Gebieten** der z-Ebene gleichmäßig konvergent, wofern diese abgeschlossen sind und keinen der Punkte $0, -1, -2, \ldots$ enthalten.

5. Die in den vorangehenden Aufgaben genannten beiden Reihen sind auch in genau denselben (von $0, -1, -2, \ldots$ verschiedenen) Punkten der z-Ebene **absolut** konvergent.

6. Bedeutet $p_1, p_2, \ldots, p_n, \ldots$ eine ganz beliebige Folge positiver ganzer Zahlen, so ist der Grenzwert

$$\lim_{n\to\infty}\left\{\left(1+\frac{z}{n+1}\right)\left(1+\frac{z}{n+2}\right)\cdots\left(1+\frac{z}{n+p_n}\right)\right\}$$

dann und nur dann $= 1$, wenn $\frac{p_n}{n}\to 0$ strebt.

7. Genügt $z = x + iy$ der Bedingung $x \geqq -1$, $y \geqq 2$, so ist

$$\left|\frac{\Gamma'(z)}{\Gamma(z)}\right| < A \log |z|,$$

wobei A eine feste (von z unabhängige) positive Konstante bedeutet.

*8. Man entwickle die Riemannsche ζ-Funktion für die Umgebung der Stelle $+2$ in eine Potenzreihe

$$\zeta(z) = \sum_{n=0}^{\infty} (-1)^n b_n (z-2)^n$$

und beweise die Beziehung $b_n \to 1$. Was folgt hieraus über den Charakter der Stelle $+1$ für die ζ-Funktion?

9. Man zeige, daß für die in der vorigen Aufgabe definierten Vorzahlen b_n die Abschätzung

$$|b_n - 1| < \frac{A}{2^n}$$

gilt, in der A eine von n unabhängige Konstante bedeutet. Was folgt hieraus über die genauere Natur der Stelle $+1$ für die ζ-Funktion?

IV. Kapitel.
Periodische Funktionen.

§ 13. Einfach-periodische Funktionen.

1. Eine (nicht konstante) eindeutige analytische Funktion kann nicht die Perioden 1 und $\sqrt{2}$ haben.

2. Eine (nicht konstante) rationale Funktion kann nicht periodisch sein.

3. Hat $f(z)$ die primitive Periode 1 (es ist $f(z)$ dann sicher keine Konstante) und zeigt $f(z)$ ein gewisses Verhalten, wenn z so $\to \infty$ rückt, daß dabei $\mathfrak{J}(z) \to +\infty$ (oder $\to -\infty$) strebt, so sagt man kurz, daß $f(z)$ jenes Verhalten am oberen (bzw. unteren) Ende des Periodenstreifens zeige. Für die Funktionen $f(z)$ der in K II, § 8, S. 65. definierten Klasse gilt dann der Satz:

Ist $f(z)$ im Periodenstreifen regulär, so kann es nicht an beiden Enden beschränkt bleiben.

4. Bleibt eine der in der vorigen Aufgabe genannten Funktionen $f(z)$ am oberen (unteren) Ende des Periodenstreifens beschränkt, so strebt $f(z)$ dort sogar einem bestimmten Grenzwerte zu. Es ist dann sinngemäß zu sagen, daß $f(z)$ an jenem Ende des Streifens diesen Wert annehme. Wie ist unter diesen Umständen die Ordnung zu definieren, mit der $f(z)$ an einem Streifenende den Wert a annimmt?

5. Bleibt eine der in Aufg. 3 genannten Funtionen $f(z)$ am oberen (unteren) Ende des Streifens nicht beschränkt, so strebt $f(z)$ dort $\to \infty$. Es ist dann sinngemäß zu sagen, daß $f(z)$ an jenem Ende einen Pol besitze. Wie ist unter diesen Umständen die Ordnung eines solchen Poles zu definieren?

6. Eine jede der in Aufg. 3 genannten Funktionen $f(z)$ nimmt im Streifen (einschließlich seiner Enden) jeden Wert, auch den Wert ∞, bei richtiger Zählung gleich oft an.

7. Eine Funktion mit der primitiven Periode $+1$ gehört dann und nur dann zu der in Aufg. 3 genannten Klasse von Funktionen, wenn sie im Streifen, einschließlich seiner Enden, keine andern Singularitäten als Pole besitzt.

§ 14. Doppelt-periodische Funktionen.

1. Es sei das durch das primitive Periodenpaar ω, ω bestimmte Periodengitter einer doppelt-periodischen Funk-

tion vorgelegt. Man gebe sämtliche primitiven Periodenpaare an.

2. Sind $z_1, z_2, \ldots, z_k$ die Nullstellen oder allgemeiner die c-Stellen einer elliptischen Funktion $f(z)$ im Periodenparallelogramm, eine jede so oft gesetzt, wie es ihre Vielfachheit verlangt; sind $\zeta_1, \zeta_2, \ldots, \zeta_k$ ebenso die Pole, so ist $\Sigma z_\varkappa - \Sigma \zeta_\varkappa$ gleich einer Periode der Funktion.

3. Ist $f(z)$ eine ungerade elliptische Funktion und $\widetilde{\omega}$ eine ihrer Perioden, so ist $\frac{1}{2}\widetilde{\omega}$ entweder eine Nullstelle oder ein Pol von $f(z)$, und zwar notwendig von ungerader Ordnung.

4. Auf welches Gebiet der w-Ebene wird das Fundamentalparallelogramm eines durch (ω, ω') bestimmten Parallelogrammnetzes der z-Ebene durch $w = e^{\frac{2\pi i}{\omega} z}$ abgebildet? Und auf welches Gebiet der Streifen, der aus dem Fundamentalparallelogramm durch die Translationen $(k'\omega')$ entsteht?

5. Jede eindeutige Funktion $f(z)$ mit der primitiven Periode ω kann nach K II, § 8, Satz 1, als eindeutige Funktion $\varphi(\zeta)$ von $\zeta = e^{\frac{2\pi i}{\omega} z}$ aufgefaßt werden. Was bedeutet es dann für $\varphi(\zeta)$, wenn $f(z)$ eine doppelt-periodische Funktion mit dem primitiven Periodenpaar (ω, ω') ist?

6. Ist $e^{\wp(z)}$ eine elliptische Funktion?

*7. Ist ω positiv-reell und ω' positiv-imaginär, so ist $\wp(z \mid \frac{1}{2}\omega, \frac{1}{2}\omega')$ auf dem Rande des Fundamentalparallelogramms und auf dessen Mittellinien reell. Auf welches Gebiet der w-Ebene wird in diesem Falle das Fundamentalparallelogramm durch $w = \wp(z \mid \frac{1}{2}\omega, \frac{1}{2}\omega')$ abgebildet? Anl.: Man untersuche den Werteverlauf von $\wp(z)$ auf dem Rande des bei 0 liegenden Viertels des Fundamentalparallelogramms.

*8. Für die Summen

$$s_n = \sum_{k,k'}{}' \frac{1}{(k\omega + k'\omega')^n}, \qquad n = 3, 4, 5, \ldots,$$

beweise man die Relationen

a) $s_{2m+1} = 0$ für $m = 1, 2, 3, \ldots$;

b) $s_8 = \frac{3}{7} s_4^2$.

9. Die Funktion $w = \wp(z \mid \frac{1}{2}\omega, \frac{1}{2}\omega')$ genügt (s. K II, § 9, Satz 9) der Differentialgleichung

$$w'^2 = 4w^3 - g_2 w - g_3$$

mit $g_2 = 60\, s_4$, $g_3 = 140\, s_6$, wenn s_n die in Aufg. 8 angegebene Bedeutung hat. Man zeige, daß die Wurzeln der kubischen Gleichung

$$4w^3 - g_2 w - g_3 = 0$$

die Werte $\wp(\frac{1}{2}\omega)$, $\wp(\frac{1}{2}\omega')$, $\wp(\frac{1}{2}(\omega + \omega'))$ haben und voneinander verschieden sind.

10. Im Anschluß an K II, § 9, Satz 10, und an Aufg. 2 zeige man, daß sich jede elliptische Funktion $f(z)$ als „σ-Quotient", d. h. mit Hilfe der zum gleichen Periodenparallelogramm gehörigen σ-Funktion in der Form

$$c\,\frac{\sigma(z - z_1)\,\sigma(z - z_2)\cdots\sigma(z - z_k)}{\sigma(z - \zeta_1)\,\sigma(z - \zeta_2)\cdots\sigma(z - \zeta_k)}$$

darstellen läßt.

V. Kapitel.

Analytische Fortsetzung.

§ 15. Verhalten von Potenzreihen auf dem Rande des Konvergenzkreises.

1. Die Potenzreihe $h(z) = \sum_{n=0}^{\infty} b_n z^n$ habe den Radius $r = 1$, es sei $b_n > 0$ und $\sum b_n$ divergent und sie stehe zu der Potenzreihe $f(z) = \sum_{n=0}^{\infty} a_n z^n$ in der Beziehung, daß $\frac{a_n}{b_n} \to g$ strebt.

Dann gilt die Behauptung: $\sum a_n z^n$ hat einen Radius $r' \geqq 1$, und wenn z radial $\to +1$ strebt, so ist auch

$$\lim \frac{f(z)}{h(z)} = g.$$

*2. Gilt bzw. unter welchen zusätzlichen Bedingungen gilt der in der vorigen Aufgabe formulierte Satz auch noch, wenn sich die Variable wie bei I, § 11, Aufg. 9, in einem „Winkelraum" $z_1 z_2 1$ bleibend, gegen $+1$ bewegt?

3. Mit Hilfe des in Aufg. 1 und 2 formulierten Satzes beweise man noch einmal den Abelschen Grenzwertsatz aus I, § 11, Aufg. 10, indem man $h(z) = \frac{1}{1-z}$ und

$$f(z) = \frac{1}{1-z} \sum a_n z^n = \sum s_n z^n, \quad s_n = a_0 + a_1 + \cdots + a_n,$$

setzt.

4. Mit Hilfe des in Aufg. 1 und 2 formulierten Satzes beweise man die folgende Erweiterung des Abelschen Grenzwertsatzes: Haben die Vorzahlen a_n der Potenzreihe $F(z) = \sum_{n=0}^{\infty} a_n z^n$ die Eigenschaft, daß, wenn $a_0 + a_1 + \cdots + a_n = s_n$ gesetzt wird,

$$\frac{s_0 + s_1 + \cdots + s_n}{n+1} \to s$$

strebt, so strebt auch $F(z) \to s$, falls z in einem Winkelraum $z_1 z_2 1$ (vgl. Aufg. 2) gegen $+1$ rückt.

5. Wenn z radial (oder, wie bei Aufg. 2, innerhalb eines Winkelraumes $z_1 z_2 1$) gegen $+1$ strebt, so strebt dabei

a) $(1 - z + z^4 - z^9 + z^{16} - + \cdots) \to \frac{1}{2}$,

b) $\sqrt{1-z}\,(1 + z + z^4 + z^9 + \cdots) \to \frac{1}{2}\sqrt{\pi}$,

c) $\dfrac{1}{\log \dfrac{1}{1-z}} (z + z^p + z^{p^2} + z^{p^3} + \cdots) \to \dfrac{1}{\log p}$ $\quad (p \geqq 2$, ganzzahlig),

d) $(1-z)^{p+1}(z+2^p z^2+3^p z^2+\cdots) \to \Gamma(p+1)$
$(p>-1$, beliebig$)$.

6. Die Potenzreihe $f(z)=\sum_{n=0}^{\infty} a_n z^n$ habe den Radius 1 und sei in $z=+1$ konvergent: $a_0+a_1+\cdots+a_n=s_n \to s$ Ist diese Konvergenz so stark, daß noch $\sqrt{n}\cdot(s_n-s)\to 0$ strebt, so strebt (vgl. Aufg. 3) auch dann noch $f(z)\to s$, wenn z innerhalb der Ellipse

$$x^2+\frac{y^2}{\alpha^2}=1, \quad (0<\alpha<1),$$

bleibend gegen $+1$ rückt.

7. Die beiden Reihen

$$f_1(z)=z+\frac{z^3}{3}-\frac{z^4}{2}+\frac{z^5}{5}+\frac{z^7}{7}-\frac{z^8}{4}++-\cdots$$

$$f_2(z)=z+\frac{z^3}{3}-\frac{z^2}{2}+\frac{z^5}{5}+\frac{z^7}{7}-\frac{z^4}{4}++-\cdots,$$

von denen die erste eine gewöhnliche Potenzreihe, die zweite dagegen eine Umordnung einer solchen ist, sind offenbar für $|z|<1$ und für $z=+1$ konvergent. Welche Werte haben die Reihen in $z=+1$ und welche Grenzwerte haben die für $|z|<1$ dargestellten Funktionen, wenn z radial $\to +1$ strebt?

8. Die Funktion $(1-z)\cdot\sin\left(\log\frac{1}{1-z}\right)$, bei der der log den Hauptwert bedeuten soll, läßt sich für $|z|<1$ in eine Potenzreihe entwickeln. Man zeige, daß diese Reihe für $|z|=1$ noch absolut konvergiert.

§ 16. Analytische Fortsetzung von Potenzreihen.

1. Es soll die Mehrdeutigkeit der durch die Potenzreihe

$$\mathfrak{P}(z)=\sum_{n=1}^{\infty}\frac{z^n}{n}$$

definierten Funktion dadurch festgestellt werden, daß man die Reihe im negativen Sinne um den Punkt $+1$ herum bis zur Rückkehr nach 0 gemäß K I, § 24, analytisch fortsetzt — und zwar ohne irgendwelche Eigenschaften der durch $\mathfrak{P}(z)$ definierten Funktion als bekannt vorauszusetzen. (Vgl. K I, S. 101, Fig. 8.) — Anl.: Die Punkte $z_1, z_2, \ldots$ wähle man auf dem Kreise $|z-1| = 1$, und zwar in den Ecken des ihm einbeschriebenen regulären p-Ecks ($p > 6$), dessen eine Ecke in 0 liegt. Es ist dann $z_\nu = 1 - z^{-\frac{2\nu\pi i}{p}}$, $\nu = 1, 2, \ldots, p$, und die nach p Schritten gewonnene Entwicklung um $z_p = 0$ unterscheidet sich nur dadurch von $\mathfrak{P}(z)$, daß eine Konstante additiv hinzugekommen ist. Daß diese $= 2\pi i$ ist, findet man sofort, indem man $p \to +\infty$ streben läßt.

2. Von der Potenzreihe $f(z) = \sum a_n z^n$ weiß man, daß die durch sie dargestellte Funktion $f(z)$ auf dem Rande des Konvergenzkreises nur eine singuläre Stelle z_0 hat, und daß diese ein Pol erster Ordnung ist. Es soll gezeigt werden, daß dann

$$\frac{a_n}{a_{n+1}} \to z_0 \text{ und also } \left|\frac{a_n}{a_{p+1}}\right| \to r,$$

den Radius der Potenzreihe, strebt.

3. Die Potenzreihe $\mathfrak{P}(z) = \sum_{n=0}^{\infty} a_n z^{n+1}$ habe den Radius 1. Man setze $z = \dfrac{\zeta}{1-\zeta}$, entwickle jedes Glied $a_n z^{n+1}$ nach Potenzen von ζ und ordne die entstehende Doppelreihe nach Potenzen von ζ zu der Potenzreihe $\mathfrak{P}_1(\zeta)$. Wie lauten die Koeffizienten von $\mathfrak{P}_1(\zeta)$ und welchen Wert hat demgemäß, d. h. nach dem Cauchy-Hadamardschen Satze, der Radius derselben? (Vgl. hierzu § 2, Aufg. 3b.) Wie läßt sich andrerseits der Radius von $\mathfrak{P}_1(\zeta)$ aus den analytischen

Eigenschaften von $f(z)$ ablesen? Welchen Wert hat er daher mindestens und welchen Wert höchstens?

4. Wie lautet unter den Bedingungen der vorigen Aufgabe die notwendige und hinreichende Bedingung dafür, daß die durch $\mathfrak{P}(z)$ in $|z| < 1$ dargestellte Funktion $f(z)$ in $+1$ regulär ist?

5. Man zeige mit Hilfe der Betrachtungen der beiden vorangehenden Aufgaben, daß die durch die Reihen

$$\sum_{n=0}^{\infty} (-1)^n z^{n+1} \quad \text{und} \quad \sum_{n=0}^{\infty} (-1)^n \frac{z^{n+1}}{n+1}$$

dargestellten Funktionen in $+1$ regulär sind.

6. Mit Hilfe des nach Aufg. 4 aufzustellenden Kriteriums beweise man noch einmal den Satz aus I, § 11, Aufg. 3.

7. Man erweitere den in der vorangehenden Aufgabe nochmals behandelten Satz aus I, § 11, Aufg. 3 zu dem folgenden Satz: Hat die Potenzreihe $f(z) = \sum a_n z^n$ den Radus 1 und gilt das Gleiche von der Potenzreihe $\varphi(z) = \sum \alpha_n z^n$, für die $\alpha_n = \Re(a_n)$ ist, und ist stets $\alpha_n \geqq 0$, so ist $+1$ eine singuläre Stelle der durch $\sum a_n z^n$ dargestellten Funktion $f(z)$.

§ 17. Analytische Fortsetzung beliebig gegebener Funktionen.

1. Ist die reelle, in $-\infty < x < +\infty$ definierte Funktion $F(x) = \sqrt{x^2} = |x|$ ins Komplexe fortsetzbar?

2. Ist die reelle in $-1 < x < +1$ durch

$$f(x) = \begin{cases} e^{-\frac{1}{x^2}} & \text{für } x \neq 0 \\ 0 & \text{,, } x = 0 \end{cases}$$

definierte Funktion ins Komplexe fortsetzbar? (Man beachte, daß $f(x)$ in jedem Punkte des Definitionsintervalles stetige Ableitungen aller Ordnungen besitzt! Vgl. § 7, Aufg. 5.)

3. Bedeutet $g_0, g_1, \ldots, g_n, \ldots$ eine Folge positiver ganzer Zahlen, die sämtlich $\geqq 2$ sind, so stellt die Reihe

$$\sum_{n=0}^{\infty} \frac{z^{g_0 g_1 \cdots g_n}}{1 - z^{g_0 g_1 \cdots g_n}}$$

eine für $|z| < 1$ reguläre, aber über den Einheitskreis hinaus nicht fortsetzbare Funktion $f(z)$ dar. (Vgl. I, § 11, Aufg. 4 und 5.)

4. Die Funktion $f(z)$ sei in einer Umgebung des Nullpunktes regulär und es sei dort

$$(*) \qquad f(2z) = 2\, f(z) \cdot f'(z).$$

Dann ist $f(z)$ über die ganze Ebene fortsetzbar, also eine ganze Funktion. (Vgl. $f(z) = \sin z$.) — Welche Eigenschaft der rechten Seite von (*) ist für den Beweis dieser Behauptung allein wesentlich?

5. Die Funktion $f(z)$ sei für $\Re(z) > 0$ regulär und genüge dort der Beziehung

$$(\dagger) \qquad f(z+1) = z\, f(z),$$

und es sei $f(1) \neq 0$. Dann ist $f(z)$ eine meromorphe Funktion, deren einzige Pole in $0, -1, -2, \ldots$ liegen und von der ersten Ordnung sind. — Welche Residuen hat dort $f(z)$? (Vgl. die Funktion $\Gamma(z)$.)

*6. Man beweise folgende Ergänzung des Riemannschen Satzes (K I, § 32, Satz 3): Ist $f(z)$ in $\mathfrak{G}$ stetig und, von den Punktes eines in $\mathfrak{G}$ gelegenen Streckenzuges $\mathfrak{w}$ etwa abgesehen, auch differenzierbar, so ist $f(z)$ notwendig auch in diesen Punkten regulär. (Die Endpunkte von $\mathfrak{w}$ dürfen auch auf dem Rande von $\mathfrak{G}$ gelegen sein.)

7. Die beiden Gebiete $\mathfrak{G}_1$ und $\mathfrak{G}_2$ mögen längs des Streckenzuges $\mathfrak{w}$ zusammenstoßen, d. h. die Punkte von $\mathfrak{w}$ seien für beide Gebiete Randpunkte, im übrigen aber $\mathfrak{G}_1$ und $\mathfrak{G}_2$ ohne gemeinsamen Punkt. $f_1(z)$ sei in $\mathfrak{G}_1$, $f_2(z)$ in $\mathfrak{G}_2$ regulär. Wenn dann (vgl. I, § 5, Aufg. 8) f_1 und f_2 längs

𝔴 dieselben Randwerte annehmen, so sind sie voneinander analytische Fortsetzungen.

8. Das durch die Potenzreihe $\sum \frac{z^n}{n}$ dargestellte Funktionselement $f(z)$ läßt sich, im Sinne des Monodromiesatzes (K I, § 25) längs jedes Weges in dem Gebiete $1 < |z - 2| < 3$ fortsetzen. Trotzdem erzeugt es keine eindeutige Funktion in diesem Gebiete. Bedeutet dies einen Widerspruch zum Monodromiesatz?

9. Man zeige durch ein Beispiel: Wenn, unter den allgemeinen Voraussetzungen des Monodromiesatzes (K I, § 25), $f(z)$ zwar nach jedem andern Punkte z_1 von 𝔊 fortgesetzt werden kann, jedoch nicht längs jedes, sondern nur längs geeigneter Wege, so braucht die dadurch erzeugte Funktion in 𝔊 nicht eindeutig und regulär zu sein.

10. Man erweitere den Monodromiesatz (K I, § 25), indem man zeigt: Wenn $f(z)$ bei beliebiger Fortsetzung innerhalb 𝔊 keine andern Singularitäten als Pole aufweist, so erzeugt $f(z)$ eine in 𝔊 eindeutige und bis auf Pole dort reguläre Funktion.

11. Man erweitere den Monodromiesatz (K I, § 25) endlich noch derart, daß man zeigt: Wenn $f(z)$ bis in beliebige Nähe jedes Punktes ζ in 𝔊 fortgesetzt werden kann und wenn die gewonnene Fortsetzung für ein $\delta = \delta(\zeta) > 0$ in $0 < |z - \zeta| < \delta$ eindeutig und regulär ist, so erzeugt $f(z)$ eine in 𝔊 eindeutige und bis auf isolierte Stellen reguläre Funktion.

VI. Kapitel.

Mehrdeutige Funktionen und Riemannsche Flächen.

§ 18. Mehrdeutige Funktionen im allgemeinen.

1. Kann eine Funktion in einem Gebiete überall regulär und doch nicht eindeutig sein? (Man beantworte die Frage für ein- und mehrfach zusammenhängende Gebiete.)

2. Kann eine mehrdeutige Funktion in zwei übereinanderliegenden Punkten ihrer Riemannschen Fläche denselben Wert haben? Kann sie es in unendlich vielen solchen Punkten? Kann sie in allen Punkten der Umgebung zweier solcher Punkte dieselben Werte haben?

3. Was für Funktionen (eindeutige oder mehrdeutige) werden durch die folgenden Formeln definiert:

a) $\sqrt{e^z}$; b) $\sqrt{\cos z}$; c) $\sqrt{1-\sin^2 z}$;

d) $\sqrt{\wp(z)-\wp(\frac{1}{2}\omega)}$; e) $\sqrt{\wp(z)}$; f) $\log e^z$;

g) $\log \sin z$; h) $\dfrac{\sin\sqrt{z}}{\sqrt{z}}$?

4. Welche Werte kann das Integral $\int\limits_0^{z_0} \frac{dz}{\sqrt{1-z^2}}$ haben, wenn der in der schlichten z-Ebene verlaufende Weg in beliebiger Weise vom Punkte 0 unter Vermeidung der Punkte ± 1 zu einem bestimmten Punkte z_0 $(\neq \pm 1)$ führt? Dabei soll als Anfangswert der Wurzel (d. h. als ihr Wert im Anfangspunkte 0 des Weges) der Wert $+1$ genommen werden. — Haben diese Integrale noch für $z_0 = \pm 1$ oder für $z_0 = \infty$ einen Sinn? (Anl.: Man benutze § 1, Aufg. 6, um die Wege auf einfachere zurückzuführen.)

5. Welchen Wert können die Integrale

$$\int\limits_1^{z_0} \frac{dz}{\sqrt[p]{z}} \quad \text{und} \quad \int\limits_1^{z_0} \log z\, dz$$

bei beliebigem Weg haben, falls dieser vom Punkte $+1$ eines bestimmten Blattes unter Vermeidung des Nullpunktes zum Punkte z_0 eines gewissen Blattes führt? ($p \geqq 1$, ganz.)

6. Es sei — vgl. hierzu I, § 11, Aufg. 4d —

$$f(z) = z + \sum_{n=1}^{\infty} \frac{z^{2^n+2}}{(2^n+1)(2^n+2)}$$

und

$$F_1(z) = \sqrt{f(z)}, \quad F_2(z) = \log f(z).$$

Man konstruiere die Riemannschen Flächen dieser Funktionen. (Anl.: Man beweise vorerst, daß in $|z| < 1$ für $z \neq 0$ auch $f(z) \neq 0$ ist.)

7. Es bedeute $f(z)$ dieselbe Funktion wie in der vorigen Aufgabe. Man konstruiere die Riemannschen Flächen der beiden Funktionen

$$G_1(z) = \log f\left(\frac{z}{2}\right) + \log f\left(\frac{1}{2z}\right)$$

und

$$G_2(z) = \log f\left(\frac{z}{2}\right) - \log f\left(\frac{1}{2z}\right).$$

§ 19. Mehrdeutige, insbesondere algebraische Funktionen.

1. Man konstruiere die Riemannschen Flächen für die folgenden Funktionen:

a) $\sqrt[3]{z-a}$; b) $\sqrt[3]{(z-a)^2}$; c) $\sqrt[3]{\dfrac{z-a}{z-b}}$;

d) $\sqrt[3]{(z-a)(z-b)}$; e) $\sqrt[3]{(z-a)(z-b)(z-c)}$;

f) $\sqrt[3]{(z-a_1)(z-a_2)\cdots(z-a_k)}$, $k > 3$;

g) $\sqrt[3]{\dfrac{(z-a)}{(z-b)^2}} + \sqrt{z-c}$; h) $\sqrt[n]{(z-a)(z-b)(z-c)}$, $n > 3$.

2. Man konstruiere die Riemannschen Flächen für die folgenden Funktionen:

a) $\log(z-a)$; b) $\log(z-a)(z-b)$;

c) $\log\frac{z-a}{z-b}$; d) $\log(1+z^2)$;

e) $\operatorname{arctg} z$.

3. Man veranschauliche sich die Riemannschen Flächen der Funktionen

$$z^i \text{ und } z^a, \quad (a \text{ beliebig komplex}).$$

*4. Man mache sich in allen Einzelheiten den Bau der Riemannschen Flächen (kritische Punkte, Zusammenhang der Blätter daselbst, Verhalten der Funktion in ihnen, Verteilung des Wertevorrats usw.) der durch die folgenden Gleichungen definierten algebraischen Funktionen w von z klar:

a) $w^3-z-1=0$; b) $w+\frac{1}{w}-z=0$;

c) $w^n+\frac{1}{w^n}-z=0$; d) $w^3-3w-z=0$;

e) $w^3+3w-z=0$.

VII. Kapitel.

Konforme Abbildung.

§ 20. Begriff und allgemeine Theorie.

1 Es sei $f(z)$ für $|z-z_0|<r$ regulär; es sei $|z_1-z_0|<r$, $z_1 \neq z_0$, $f(z_0)=w_0$, $f(z_1)=w_1$. Um welchen Winkel erscheint die Strecke $\overline{w_0w_1}$ gegen die Strecke $\overline{z_0z_1}$ gedreht? In welchem Verhältnis erscheint sie gestreckt?

2. Es habe $f(z)$ in z_0 einen Pol. Wann kann die Abbildung der Umgebung von z_0 (einschließlich dieses Punktes) durch $w=f(z)$ auf die Umgebung des Punktes $w_0=\infty$ konform genannt werden? Wie liegen die Dinge, wenn auch

$z_0 = \infty$ ist? Und wie, wenn $z_0 = \infty$, aber w_0 im Endlichen gelegen ist?

*3. Die Funktion $f(z)$ sei längs des geschlossenen doppelpunktfreien Weges $\mathfrak{C}$ und in dem von $\mathfrak{C}$ umschlossenen Gebiete $\mathfrak{G}$ regulär. Durch $w = f(z)$ werde $\mathfrak{C}$ auf den geschlossenen doppelpunktfreien Weg $\mathfrak{C}'$ ein-eindeutig abgebildet (so daß, wenn z den Weg $\mathfrak{C}$ einmal im positiven Sinne durchwandert, der Bildpunkt w den Weg $\mathfrak{C}'$ auch einmal in bestimmtem Sinne durchläuft). Dann wird das abgeschlossene Gebiet $\mathfrak{G}$ ein-eindeutig auf das abgeschlossene, von $\mathfrak{C}'$ umschlossene Gebiet $\mathfrak{G}'$ abgebildet, und die Abbildung der Innengebiete aufeinander ist konform.

4. Gilt der in der vorigen Aufgabe ausgesprochene Satz auch noch, falls die Kurve $\mathfrak{C}'$ durch ∞ hindurchgeht? Wie hat man dabei die bisher vorausgesetzte Regularität von $f(z)$ längs $\mathfrak{C}$ zu formulieren? Gilt der Satz schließlich auch noch, falls $\mathfrak{C}$ ebenfalls durch ∞ hindurchgeht?

5. Der beschränkte Weg $\mathfrak{k}$ liege einschließlich seiner Endpunkte in einem Regularitätsbereich der Funktion $w = f(z)$; es sei $\mathfrak{k}'$ das Bild von $\mathfrak{k}$ in der w-Ebene. Ist $\mathfrak{k}'$ wieder ein Weg? Welche Länge hat $\mathfrak{k}'$?

6. Es sei $f(z)$ für $|z| < r$ regulär und $0 < \varrho < r$. Welchen Flächeninhalt $J(\varrho)$ hat das Bild $\mathfrak{K}'$ der Kreisscheibe $\mathfrak{K}$ mit ϱ um 0? Gilt die herzuleitende Formel auch noch, falls die Abbildung von $\mathfrak{K}$ auf $\mathfrak{K}'$ keine umkehrbar eindeutige ist, falls also $f'(z)$ auf $\mathfrak{K}$ Nullstellen besitzt und $\mathfrak{K}'$ somit mehrblättrig ist?

7. Welchen Grenzwert hat unter den Bedingungen der vorigen Aufgabe das Verhältnis der Flächen $\mathfrak{K}'$ und $\mathfrak{K}$ für $\varrho \to 0$? Bleibt die Antwort auch richtig, falls $f'(0) = 0$ ist? (Flächenhaftes Vergrößerungsverhältnis.)

8. Die Funktion $w = f(z)$ sei in $|z| \leqq r$ regulär. Man bestimme

a) die Länge der Bildkurve der Peripherie $|z| = r$;

b) die Fläche des Bildes der Kreisscheibe $|z| \leqq r$;

c) die Richtung der Tangente der Bildkurve von $|z| = r$ in einem Punkte $w = f(z)$, für den $f'(z) \neq 0$ ist;

d) die Krümmung der Bildkurve von $|z| = r$ in einem Punkte $w = f(z)$, für den $f'(z) \neq 0$ ist.

9. Wie ändern sich die Antworten auf die Fragen a) bis d) der vorigen Aufgabe, wenn $f(z)$ für $|z| \geqq r$, einschließlich $z = \infty$, regulär ist?

*10. Es sei $w = \varphi(\zeta)$ eine für $|\zeta| < 1$ reguläre Funktion, die das Innere dieses Einheitskreises ein-eindeutig auf das Gebiet $\mathfrak{G}$ der w-Ebene abbildet. Es sei $\varphi(0) = w_0$ und $\overline{\mathfrak{G}}_\varrho$ das Bild des Kreises $|\zeta| \leqq \varrho < 1$. Ist dann $w = f(z)$ eine in $|z| < 1$ reguläre Funktion, deren dortige Werte w in $\mathfrak{G}$ liegen und ist insbesondere $f(0) = w_0$, so liegt für $|z| \leqq \varrho$ der Punkt $f(z) = w$ in $\overline{\mathfrak{G}}_\varrho$ und sogar sicher im Innern dieses Gebietes, es sei denn, daß $f(z) = \varphi(e^{i\alpha} z)$, α fest, ist. [Anl.: Ist $\zeta = \Phi(w)$ die zu $w = \varphi(\zeta)$ inverse Funktion, so wende man das Schwarzsche Lemma, Bi S. 32, auf $\Phi(f(z))$ an.]

11. Wenn $f(z)$ in $|z| < 1$ regulär ist und wenn dort $\Re f(z) > 0$ ist, so ist, wenn noch $f(0) = w_0 = u_0 + iv_0$ gesetzt wird, in $|z| \leqq \varrho < 1$ sogar

$$u_0 \frac{1-\varrho}{1+\varrho} \leqq \Re f(z) \leqq u_0 \frac{1+\varrho}{1-\varrho}.$$

[Anl.: Man nehme in der vorigen Aufgabe für $\mathfrak{G}$ die rechte Halbebene $\Re(w) > 0$.]

12. Was läßt sich unter den Bedingungen der vorigen Aufgabe über $\Im f(z)$ und $|f(z)|$ aussagen?

13. Die im Einheitskreis reguläre Funktion $f(z) = a_0 + a_1 z + a_2 z^2 + \cdots$ ist dort sicher schlicht, falls

$$2|a_2| + 3|a_3| + \cdots \leqq |a_1|$$

ist. Vgl. § 18, Aufg. 6.

*14. Der Limessatz über schlichte Abbildungen (Bi, § 17) lautet: Eine jede der Funktionen der Folge $f_1(z)$, $f_2(z), \ldots, f_n(z), \ldots$ sei in dem Gebiete $\mathfrak{G}$ eindeutig und regulär und vermittle eine schlichte Abbildung dieses Gebietes. In jedem abgeschlossenen Teilbereich $\overline{\mathfrak{G}}'$ von $\mathfrak{G}$ mögen die $f_n(z)$ gleichmäßig gegen eine Grenzfunktion $f(z)$ konvergieren, die nicht identisch konstant ist. Dann vermittelt auch die (im ganzen Gebiet $\mathfrak{G}$ reguläre) Funktion $f(z)$ eine schlichte Abbildung von $\mathfrak{G}$.

Man beweise diesen Satz ohne nochmalige Benutzung der Cauchyschen Integralformel mit Hilfe des in § 5, Aufg. 4, formulierten Satzes über Nullstellen.

15. Die in Bi, S. 116, bewiesene Ungleichung

$$\frac{|z|}{(1+|z|)^2} \leqq |f(z)| \leqq \frac{|z|}{(1-|z|)^2}$$

läßt sich, falls von $f(z)$ noch vorausgesetzt wird, daß es eine ungerade Funktion ist ($f(z) = -f(-z)$) dadurch verschärfen, daß die Nenner links und rechts durch $(1 + |z|^2)$ bzw. $(1 - |z|^2)$ ersetzt werden. [Anl.: Man zeige, daß $(f(z))^2$ eine schlichte Funktion von $z^2 = \zeta$ ist und wende auf diese die obige Ungleichung an.]

16. Wenn ein Gebiet $\mathfrak{G}$ der z-Ebene ein-eindeutig, konform und so auf einen Kreis um 0 in der w-Ebene abgebildet werden soll, daß dabei ein bestimmter Punkt a von $\mathfrak{G}$ nach $w = 0$ kommt und daß in diesem Punkte das lineare Vergrößerungsverhältnis $= +1$ ist, so ist hierdurch der Radius $r = r(\mathfrak{G}; a)$ des Bildkreises in der w-Ebene eindeutig bestimmt.

§ 21. Besondere Abbildungsaufgaben.

1. Im Anschluß an I, § 12, Aufg. 20 erörtere man das folgende Schließungsproblem: Es seien $\mathfrak{k}_1, \mathfrak{k}_2, \mathfrak{k}_3, \ldots$ Kreise, die im Zwischengebiet von $\mathfrak{K}_1$ und $\mathfrak{K}_2$ liegen, d. h. im Durch-

schnitt der Außengebiete beider Kreise, falls man als Äußeres eines jeden der Kreise den Teil der Ebene bezeichnet, in dem der andere Kreis liegt. Dabei ist $\mathfrak{k}_1$ dort beliebig gewählt, doch so, daß $\mathfrak{K}_1$ und $\mathfrak{K}_2$ von $\mathfrak{k}_1$ berührt werden und in ein und demselben der durch $\mathfrak{k}_1$ bestimmten Gebiete liegen, welches wir wieder als das Äußere von $\mathfrak{k}_1$ ansehen. Die folgenden Kreise $\mathfrak{k}_\nu$, $\nu = 2, 3, , , ,$ seien dann dadurch festgelegt, daß $\mathfrak{k}_\nu$ die Kreise $\mathfrak{K}_1$, $\mathfrak{K}_2$ und $\mathfrak{k}_{\nu-1}$ berührt und daß diese drei Kreise in ein und demselben der durch $\mathfrak{k}_\nu$ bestimmten Gebiete (seinem „Äußeren") liegen. Hierbei bestehen für $\mathfrak{k}_2$ noch zwei Möglichkeiten; für $\nu \geqq 3$ ist $\mathfrak{k}_\nu$ durch die Forderung, von $\mathfrak{k}_{\nu-2}$ verschieden zu sein, eindeutig festgelegt. Es wird behauptet, daß man dabei immer (d. h. wie man auch erst $\mathfrak{k}_1$ und dann $\mathfrak{k}_2$ wählen möge) oder niemals auf unendlich viele verschiedene Kreise $\mathfrak{k}_\nu$ geführt wird. Und im letzteren Falle „schließt" sich die Kette der Kreise $\mathfrak{k}_\nu$ stets nach derselben Anzahl von Gliedern.

2. Der in der vorigen Aufgabe genannte Kreis $\mathfrak{K}_1$ habe den Mittelpunkt $z_1 = \frac{17}{21} - \frac{i}{7}$ und den Radius $r_1 = \frac{8}{15}$ und $\mathfrak{K}_2$ habe den Mittelpunkt $z_2 = \frac{69}{25} + \frac{33}{25} i$ und den Radius $r_2 = \frac{24}{7}$. Man untersuche, ob sich hier, und evtl. nach wieviel Gliedern, die in der vorigen Aufgabe genannte Kette schließt oder nicht.

3. Wird auf z mehrmals dieselbe (nicht konstante) lineare Transformation angewendet, setzt man also

$$\frac{az+b}{cz+d} = z', \quad \frac{az'+b}{cz'+d} = z'', \quad \frac{az''+b}{cz''+d} = z''', \ldots$$

so ist jedes $z^{(n)}$ eine lineare Funktion von z:

$$(L_n) \qquad z^{(n)} = \frac{a_n z + b_n}{c_n z + d_n}.$$

Man zeige, daß für jedes n

$$\frac{b_n}{b} = \frac{c_n}{c} = \frac{a_n - d_n}{a - d}$$

ist und charakterisiere die durch (L_n) vermittelte Abbildung.

4. Man zeige, daß die in I, § 12, Aufg. 6—9 und Elem. § 14 behandelte stereographische Projektion eine konforme Abbildung von Ebene und Kugel aufeinander vermittelt.

5. Die sog. Mercator-Projektion ordnet dem Punkte P der (Erd-)Kugel mit den geographischen Koordinaten λ (Länge) und β (Breite) den Punkt P' einer xy-Ebene mit den (kartesischen) Koordinaten $x = R\lambda$, $y = R \log \operatorname{tg}\left(\frac{\pi}{4} + \frac{\beta}{2}\right)$ zu; $-\pi < \lambda \leqq +\pi$, $-\frac{\pi}{2} < \beta < +\frac{\pi}{2}$. Man zeige, daß diese Mercator-Projektion eine konforme Abbildung der Kugel auf die Ebene vermittelt (R = Radius der Kugel).

6. Es soll die von $-\frac{1}{4}$ längs der negativ-reellen Achse nach $-\infty$ aufgeschnittene Ebene so auf das Innere des Einheitskreises abgebildet werden, daß der Nullpunkt und die von ihm ausgehenden Richtungen fest bleiben.

7. Man untersuche die Abbildung, welche die durch

$$aw^2 + bw + c = z, \quad (a \neq 0),$$

definierte Funktion $w = f(z)$ von der z-Ebene vermittelt.

8. Das einfach zusammenhängende Gebiet, das alle Punkte der Ebene (einschließlich ∞) enthält mit Ausnahme der reellen Punkte z in $-2 \leqq z \leqq +2$, soll auf das Innere des Einheitskreises abgebildet werden.

9. Das Außengebiet der Kardioide

$$\begin{cases} x = 2a\,(1 - \cos t) \cos t, \\ y = 2a\,(1 - \cos t) \sin t, \end{cases} \quad t = 0 \ldots 2\pi, \quad a > 0,$$

soll konform auf das Innere des Einheitskreises abgebildet werden. [Anl.: Man spiegele die Kardioide am Einheitskreise.]

10. Das Rechteck, dessen Ecken in den Punkten $\pm 2 \pm i$ liegen, soll auf den Einheitskreis abgebildet werden. (Vgl. hierzu § 14, Aufg. 7.)

*11. Das gleichseitige Dreieck, dessen Ecken in den Punkten $0, 1, \frac{1}{2} + \frac{i}{2}\sqrt{3}$ liegen, soll auf die obere Halbebene abgebildet werden. [Anl.: Man führe für das Integral $\int\limits_0^z t^{-\frac{2}{3}} \cdot (1-t)^{-\frac{2}{3}} dt$ Betrachtungen durch analog denen in Bi, § 14.]

*12. Die Integrale

$$w = f_1(z) = \int\limits_0^z \frac{t\,dt}{t^3 - 1} \quad \text{und} \quad f_2(z) = \int\limits_0^z \frac{dt}{t^3 - 1}$$

sind unendlich vieldeutig. Es soll durch geeignete Zerschneidung der Ebene ein eindeutiger Zweig abgetrennt werden und die Abbildung untersucht werden, die dann von der aufgeschnittenen Ebene durch diesen Zweig vermittelt wird. Die Zerschneidung ist so einzurichten, daß das Bild einen schlichten (einblättrigen) Bereich ergibt.

13. Der Radius $r = r(\mathfrak{G}; a)$ soll im Anschluß an § 20, Aufg. 16, bestimmt werden, wenn $\mathfrak{G}$ das Gebiet ist, das zwischen der Hyperbel $xy = 1$, $x > 0$, $y > 0$ und den positiven Koordinatenachsen gelegen ist, und wenn $a = \alpha + \frac{i}{2\alpha}$, $\alpha > 0$, ist.

14. Im Anschluß an § 20, Aufg. 16, denke man sich in jedem Punkte a von $\mathfrak{G}$ ein Lot von der Länge $r(\mathfrak{G}; a)$ errichtet. Was für eine Fläche bilden die Endpunkte dieser Lote, wenn $\mathfrak{G}$

a) der Kreis $|z - z_0| < R$,
b) die Halbebene $\mathfrak{J}(z) > 0$,
c) der Streifen $0 < \mathfrak{J}(z) < \pi$,
d) das in der vorigen Aufgabe genannte Gebiet ist?

Zweiter Teil.

Lösungen.

I. Kapitel.

Weitere Aufgaben zu I, Kap. 1—5.

§ 1. Grundlegende Begriffe.

1. Die Behauptung besagt, daß jede (abgeschlossene) Halbebene $\mathfrak{H}$, die $z_1, z_2, \ldots, z_k$ enthält, auch ζ enthält. Ist $\mathfrak{H}$ die Halbebene $\mathfrak{R}(z) \geqq 0$, so ist $\mathfrak{R}(z_\nu) \geqq 0$, $\nu = 1, 2, \ldots, k$, und also auch $\mathfrak{R}(\zeta) \geqq 0$, die Behauptung also richtig. Jede andre Halbebene $\mathfrak{H}'$ kann durch eine Translation und eine Drehung zur rechten Halbebene gemacht werden, d. h. es kann a und α (α reell) so gewählt werden, daß $\mathfrak{R}e^{i\alpha}(z_\nu - a) \geqq 0$ ist, $\nu = 1, 2, \ldots, k$. Dann ist nach dem vorigen, da $\Sigma\alpha_\nu = 1$, auch $\mathfrak{R}e^{i\alpha}(\zeta - a) \geqq 0$, so daß ζ selbst in $\mathfrak{H}'$ liegen muß. — Die Erweiterung auf unendliche Folgen ist evident.

2. Setzt man $\dfrac{1}{\zeta - z_\nu} = z'_\nu$, so ist $\alpha_1 z'_1 + \cdots + \alpha_k z'_k = 0$. Dies besagt, daß $\mathfrak{R}(z'_\nu)$ und also auch $\mathfrak{R}\left(\dfrac{1}{z'_\nu}\right)$ für $\nu = 1, 2, \ldots, k$ entweder positive und negative Werte hat oder dauernd $= 0$ ist. Multipliziert man die obige Gleichung mit $e^{i\alpha}$ (α reell), so erkennt man: Jede Gerade durch 0 trennt entweder die Punkte $\dfrac{1}{z'_\nu}$ oder enthält sie sämtlich. Führt man

noch die Translation (ζ) aus, so sieht man: Jede Gerade durch ζ enthält entweder alle Punkte z_ν oder hat zu ihren beiden Seiten mindestens je einen liegen. Also kann ζ nicht außerhalb des in Rede stehenden Polygons liegen.

3. Ist $G'(\zeta) = 0$, so ist auch

$$\frac{1}{n} \cdot \frac{G'(\zeta)}{G(\zeta)} = \frac{1}{n}\left(\frac{\alpha_1}{\zeta - z_1} + \frac{\alpha_2}{\zeta - z_2} + \cdots + \frac{\alpha_k}{\zeta - z_k}\right) = 0.$$

Hierbei ist $G(z) = c\,(z - z_1)^{\alpha_1}\,(z - z_2)^{\alpha_2} \cdots (z - z_k)^{\alpha_k}$, $\alpha_1 + \alpha_2 + \cdots + \alpha_k = n$ gesetzt. Nach Aufg. 2 vollendet sich nun der Beweis.

4. a) Da sich zwei verschiedene lineare Transformationen, die beide z_ν nach ∞ werfen, nur um eine Ähnlichkeitstransformation unterscheiden, die an der Eckenzahl a_ν nichts ändert, so dürfen besondere Transformationen benutzt werden. Dazu gehe man durch stereographische Projektion zur Zahlenkugel über und bringe z_ν durch eine Drehung nach ∞. Das Polygon π_ν wird nun ersichtlich aus ∞ durch eine a_ν-kantige körperliche Ecke projiziert. Da die Drehung an den gestaltlichen Verhältnissen nichts ändert, so erkennt man, daß $a_1 + a_2 + \cdots + a_n$ die doppelte Kantenanzahl des durch die Punkte z_ν (auf der Kugel) bestimmten n-eckigen konvexen Polyeders ist. Bezeichnet man mit k die Anzahl seiner Kanten, mit f die seiner Flächen, so ist $2k = 3f$, weil alle Seitenflächen Dreiecke sind (denn keine 4 der z_ν liegen auf einem Kreise). Nach dem Eulerschen Polyedersatz ist $n + f = k + 2$. Aus beidem folgt die Behauptung $2k = a_1 + \cdots + a_n = 6\,(n - 2)$.

b) Mit a) ist es nicht verträglich, daß jedes $a_\nu \geqq 6$ ist.

c) und d) Bezeichnet x_p die Anzahl der p-Ecke unter den π_ν, so ist neben

$$x_3 + x_4 + \cdots + x_{n-1} = n$$

nach a) noch

$$3x_3 + 4x_4 + \cdots + (n-1)x_{n-1} = 6(n-2).$$

Durch Substraktion der mit 6 multiplizierten ersten Gleichung von der zweiten folgt, daß

$$3x_3 + 2x_4 + x_5 \geqq 12$$

ist, woraus beide Behauptungen abzulesen sind.

5. Von den $\binom{n}{3}$ Ebenen, die durch je 3 Ecken des bei der vorigen Aufgabe besprochenen Polyeders bestimmt sind, haben die $f = 2(n-2)$ Seitenflächen und nur diese die Eigenschaft, daß die $n-3$ übrigen Ecken sämtlich in nur einer der beiden durch die Ebene bestimmten Kugelkalotten liegen. Überträgt man dies in die Zahlen*ebene*, so ergibt sich die Behauptung.

6. Man beginne die Durchlaufung von $\mathfrak{p}$ bei einem beliebigen Punkte A_0 desselben, bis man zum ersten Male an einen schon durchlaufenen Punkt A_1 kommt, der $= A_0$ oder davon verschieden sein kann. Der dabei von A_1 bis zurück nach A_1 durchlaufene Streckenzug bildet ein erstes doppelpunktfreies geschlossenes Polygon $\mathfrak{p}_1$, das ganz im positiven oder negativen Sinne durchlaufen wird. Dieses denke man sich ausgelöscht. Mit den restierenden Streckenzügen (es kann ein Zerfall eingetreten sein) wiederhole man dieselbe Operation usw. Da an jedem Punkte, in dem sich Streckenzüge schneiden, ebenso viele Wege einmünden, wie fortführen, so kann das Verfahren nur aufhören, wenn $\mathfrak{p}$ in lauter doppelpunktfreie, geschlossene Polygone $\mathfrak{p}_\nu$ aufgeteilt ist. Wenn in $\mathfrak{p}$ einige Strecken oder Teile derselben mehrfahch durchlaufen wurden, so sind sie entsprechend mehrfach zu zählen und die hin und her durchlaufenen Strecken (als ausgeartete geschlossene Polygone) vorher auszulöschen.

§ 2. Zahlenfolgen und unendliche Reihen.

1. Da $\lim\limits_{n\to\infty}(b_0 - b_n) = \sum\limits_{n=0}^{\infty}(b_n - b_{n+1})$ und also $\lim b_n$ existiert, ist (b_n) beschränkt. Ist etwa stets $|b_n| < K$, so ist

$$\begin{aligned} |b_n^q - b_{n+1}^q| &= |b_n - b_{n+1}| \cdot |b_n^{q-1} + b_n^{q-2} b_{n+1} + \cdots + b_{n+1}^{q-1}| \\ &\leqq q \cdot K^{q-1} \cdot |b_n - b_{n+1}|; \end{aligned}$$

also ist $\sum |b_n^q - b_{n+1}^q|$ konvergent. Nach I, § 3, Aufg. 12 vollendet sich jetzt der Beweis.

2. a) und b). Es sei $\sum a_n$ absolut und $\sum b_n$ wenigstens bedingt konvergent. Die Teilsummen der drei Reihen seien A_n, B_n, C_n, ihre Summen A, B und, falls vorhanden, C. Dann ist $C_n = a_0 B_n + a_1 B_{n-1} + \cdots + a_n B_0$. Setzt man nun $B_n = B + \beta_n$, so daß $\beta_n \to 0$, so ist

$$C_n = A_n \cdot B + (a_0\beta_n + a_1\beta_{n-1} + \cdots + a_n\beta_0),$$

was nach I, § 3, Aufg. 9, gegen $A \cdot B$ strebt.

c) Es ist

$$\frac{C_0 + C_1 + \cdots + C_n}{n+1} = \frac{A_0 B_n + A_1 B_{n-1} + \cdots + A_n B_0}{n+1}.$$

Nach I, § 3, Aufg. 2 strebt die linke Seite $\to C$, nach I, § 3, Aufg. 7b die rechte $\to AB$. Also ist $AB = C$.

3. Da $a_0 + a_1 + \cdots + a_n = s_n \to s$ strebt, so strebt nach I, § 3, Aufg. 2 bzw. 8 auch

a) $$s_n' = \frac{s_0 + s_1 + \cdots + s_n}{n+1} \to s$$

und

b) $$s_n'' = \frac{1}{2^{n+1}}\left[\binom{n+1}{1}s_0 + \binom{n+1}{2}s_1 + \cdots + \binom{n+1}{n+1}s_n\right] \to s.$$

Das sind aber genau die Behauptungen[1]).

---

[1]) Es ist

$$\frac{1}{2^{\nu+1}}\binom{\nu}{\nu} + \frac{1}{2^{\nu+2}}\binom{\nu+1}{\nu} + \cdots + \frac{1}{2^{n+1}}\binom{n}{\nu} = \frac{1}{2^{n+1}}\left(\binom{n+1}{\nu+1} + \cdots + \binom{n+1}{n+1}\right)$$

4. Die Folge $(n^{-i\alpha})$ ist offenbar für jedes reelle $\alpha \neq 0$ divergent; also divergiert auch die Reihe $\sum_1^\infty a_n$ mit $a_1 = 1$, $a_n = n^{-i\alpha} - (n-1)^{-i\alpha}$ für $n \geqq 2$. Nun ist aber

$$a_n = n^{-i\alpha}\left[1 - \left(1 - \frac{1}{n}\right)^{-i\alpha}\right] = n^{-i\alpha}\left[-\frac{i\alpha}{n} + \frac{r_n}{n^2}\right],$$

wobei r_n eine beschränkte Zahlenfolge bedeutet $\left(\text{denn es strebt } r_n \to -\left(\frac{-i\alpha}{2}\right)\right)$. Es ist also

$$a_n = -i\alpha\frac{1}{n^{1+i\alpha}} + \frac{r_n}{n^{2+i\alpha}},$$

woraus die Behauptung abgelesen werden kann.

5. Die Lösung der vorigen Aufgabe hat gezeigt, daß für $\alpha \neq 0$ die Reihe $\sum \frac{1}{n^{1+i\alpha}}$ jedenfalls beschränkte Teilsummen hat. Nach I, § 3, Aufg. 13a ist die neue Reihe dann sicher konvergent.

6. Es ist

$$1 - \binom{z}{1} + \binom{z}{2} = 1 - z + \frac{z(z-1)}{1\cdot 2} = (1-z)\left(1 - \frac{z}{2}\right)$$

und allgemein

$$1 - \binom{z}{1} + \binom{z}{2} - + \cdots + (-1)^n\binom{z}{n} = (1-z)\left(1-\frac{z}{2}\right)\cdots\left(1-\frac{z}{n}\right).$$

Nun kann $1 - \frac{z}{k} = e^{-\frac{z}{k}+\frac{A_k}{k^2}}$ mit (bei festem z) beschränkten A_k gesetzt werden. Von einem konvergenten Faktor mit von 0 verschiedenem Grenzwerte abgesehen verhält sich also die Folge der Teilsummen unserer Reihe wie die Folge der Zahlen

$$e^{-z\left(1+\frac{1}{2}+\cdots+\frac{1}{n}\right)}$$

und ist also für ein $z \neq 0$ dann und nur dann konvergent, und zwar mit dem Grenzwerte 0, wenn $\Re(z) > 0$ ist.

7. Wird $\sum_{n=1}^{\infty} a_n \frac{z^n}{1-z^n} = f(z)$ und $\sum_{n=1}^{\infty} a_n z^n = g(z)$ gesetzt, so ist wegen $\frac{z^n}{1-z^n} = z^n + z^{2n} + \cdots + z^{kn} + \cdots$ zunächst $f(z) = \sum_{k=1}^{\infty} g(z^k)$. Setzt man der Reihe nach

$$a_n = (-1)^{n-1}, \; = n, \; = \frac{(-1)^{n-1}}{n}, \; = \alpha^n,$$

so ergeben sich die Identitäten a) bis d). — Daß die in Rede stehenden Reihen für $|z| \leqq \varrho < 1$ gleichmäßig konvergieren, folgt aus I, § 9, Aufg. 1f., daß die vollzogenen Umordnungen erlaubt sind, aus dem Weierstraßschen Doppelreihensatz (K I, S. 80).

8. Man darf $\beta = 1$, $r > 1$ annehmen (Beweis?). Setzt man dann $b_n/b_{n+1} = 1 + \varepsilon_n$, so strebt $\varepsilon_n \to 0$. Ferner wird

$$\begin{aligned} &\left|\frac{c_{n+1}}{b_{n+1}} - f(1)\right| \\ &\quad \leqq |a_1 \varepsilon_n| + |a_2| \{(1+|\varepsilon_n|)(1+|\varepsilon_{n-1}|) - 1\} + \cdots \\ &\quad + |a_{n+1}| \{(1+|\varepsilon_n|)\cdots(1+|\varepsilon_0|) - 1\} + \sum_{\nu=n+2}^{\infty} |a_\nu|. \end{aligned}$$

Wird nun r_1 in $1 < r_1 < r$ fest gewählt und m so festgelegt, daß $1 + |\varepsilon_\nu| < r_1$ für $\nu > m$, so ist der obige Ausdruck für $n > p > m$

$$\begin{aligned} &\leqq \sum_{\nu=0}^{p} |a_{\nu+1}| \{(1+|\varepsilon_n|)\cdots(1+|\varepsilon_{n-\nu}|) - 1\} \\ &\qquad + (1+|\varepsilon_0|)\cdots(1+|\varepsilon_m|) \sum_{\nu=p+2}^{\infty} |a_\nu| \, r_1^\nu. \end{aligned}$$

Ist nun $\varepsilon > 0$ gegeben, so kann man zunächst p so bestimmen, daß hier der zweite Summand $< \frac{1}{2}\varepsilon$ ist, und hierauf $n > p$ so, daß auch der erste Summand $< \frac{1}{2}\varepsilon$ ausfällt.

9. Da die Gleichung $\zeta = \alpha\zeta + \frac{\beta}{\zeta}$ nur die Lösungen ± 1 hat, so kommen als etwaige Grenzwerte nur diese beiden Punkte in Betracht. Ist nun zunächst $\mathfrak{R}(z_0) = 0$, so ist auch $\mathfrak{R}(z_1) = 0$ oder $z_1 = \infty$. Die Punkte $z_0, z_1, z_2, \ldots$ bleiben also auf der Achse des Imaginären oder sind ∞. Sie können daher nicht $\to \pm 1$ streben, so daß die Folge divergieren muß.

Da für $\mathfrak{R}(z_0) < 0$ die Verhältnisse ebenso liegen wie für $\mathfrak{R}(z_0) > 0$, so genügt es, weiterhin $\mathfrak{R}(z_0) > 0$ vorauszusetzen. Wir führen dann die Schar $\mathfrak{S}$ der Kreise ein, deren Mittelpunkte auf der positiven Achse des Reellen liegen und den Einheitskreis orthogonal schneiden. Liegt z auf dem Rande des Kreises $\mathfrak{K}$ von $\mathfrak{S}$, so liegt dort auch $\frac{1}{z}$ und folglich liegt $z' = \alpha z + \frac{\beta}{z}$ in seinem Innern. Liegt also z_0 in $\mathfrak{K}_0$, so liegen dort auch alle übrigen Punkte der Folge (z_n). Wir zeigen nun, daß ein von $+1$ verschiedener Punkt ζ der rechten Halbebene nicht Häufungspunkt der Folge (z_n) sein kann. Denn strebt $z \to \zeta$, so strebt $z' = \alpha z + \frac{\beta}{z}$ gegen $\zeta' = \alpha\zeta + \frac{\beta}{\zeta}$. Man könnte daher um ζ einen so kleinen Kreis $\mathfrak{k}$ beschreiben, daß er $+1$ nicht enthält und daß für alle z desselben das zugehörige z' in demjenigen Kreis $\mathfrak{K}$ der Schar $\mathfrak{S}$ liegt, der von $\mathfrak{k}$ außen berührt wird. Liegt also z_p in $\mathfrak{K}$, so liegt z_{p+1} und folglich auch $z_{p+2}, z_{p+3}, \ldots$ in $\mathfrak{K}$. Daher kann ζ nicht Häufungspunkt von (z_n) sein. Also strebt $z_n \to +1$.

10. Es genügt, zu zeigen, daß jede abgeschlossene Halbebene $\mathfrak{H}$, die alle ζ enthält, auch alle ζ' enthält. Dazu betrachte man noch die Halbebenen $\mathfrak{H}_1, \mathfrak{H}_2$ und $\mathfrak{H}_3$, die um Parallelstreifen von der Breite ε, 2ε und 3ε $(\varepsilon > 0)$ über $\mathfrak{H}$ hinausragen. Man wähle p so, daß für $\nu > p$ die z_ν in $\mathfrak{H}_1$ liegen, und setze für $n > p$

$$z_n'' = a_{n\,p+1} z_{p+1} + \cdots + a_{nn} z_n,$$

so daß $z_n' - z_n'' \to 0$ strebt. Nach § 1, Aufg. 1, liegt

$$\frac{z_n''}{a_{n\,p+1} + \cdots + a_{nn}} \text{ ebenfalls in } \mathfrak{H}_1 \text{ für } n > p.$$

Da der Nenner $\to + 1$ strebt, so liegt z_n'' für $n > p_1 > p$ in $\mathfrak{H}_2$, also z_n', wegen $z_n' - z_n'' \to 0$, für $n > N$ in $\mathfrak{H}_3$. Also kann außerhalb $\mathfrak{H}_3$ kein ζ' liegen. Also auch nicht außerhalb $\mathfrak{H}$, da ein solcher Punkt für hinreichend kleines ε auch außerhalb $\mathfrak{H}_3$ läge.

§ 3. Funktionen einer komplexen Veränderlichen.

1. a) Ja. Beispiel: $f(z) = |z|^2$; $\left|\frac{f(z) - f(0)}{z - 0}\right| = |z| \to 0.$

In den Punkten $z \neq 0$ ist $|z|^2$ offenbar nicht differenzierbar.

b) Ja. Beispiel: $f(z) = (\mathfrak{J}(z))^2$. Denn ist $z = x + iy$ und ist $z_0 = x_0$ reell, so strebt für $z \to z_0$

$$\left|\frac{f(z) - f(z_0)}{z - z_0}\right| = \frac{y^2}{|(x - x_0) + iy|} \leqq |y| \to 0.$$

In nicht-reellen Punkten ist $f(z)$ offenbar nicht differenzierbar.

2. Ja. Beispiel: $f(z) = f(x + iy)$

$$= \begin{cases} 0, \text{ falls } y \text{ irrational}, = 1, \text{ falls } y = 0 \text{ ist}, \\ \frac{1}{q^3}, \text{ falls } y = \frac{p}{q} \; (p, q \text{ ganz und teilerfremd}, p \neq 0, q > 0). \end{cases}$$

In den Punkten mit rationaler Ordinate ist $f(z)$ unstetig, also gewiß nicht differenzierbar. Hat aber $z_0 = x_0 + iy_0$ eine irrationale Ordinate, so ist

$$\left|\frac{f(z)-f(z_0)}{z-z_0}\right| \leqq \frac{1}{q^3} \cdot \frac{1}{\left|\frac{p}{q} - y_0\right|} \quad \text{oder} = 0,$$

je nachdem $\mathfrak{J}(z) = y$ gleich $\frac{p}{q}$ oder irrational ist. Ist nun y_0 Wurzel einer quadratischen Gleichung mit ganzzahligen Beiwerten, so ist bekanntlich[1]) für jedes $\frac{p}{q}$ stets

$$\left|\frac{p}{q} - y_0\right| \geqq \frac{c}{q^2}, \quad (c > 0 \text{ nur von } y_0 \text{ abhängig}).$$

Also strebt für $z \to z_0$ der Differenzenquotient $\to 0$. Die Punkte z_0 mit einem y_0 der betrachteten Art liegen aber überall dicht in der Ebene (Beweis?).

3. Nein, außer wenn die Funktion sich auf eine Konstante reduziert. Denn ist in $f(z) = u + iv$ etwa v in G_1 konstant, so muß dort nach den Cauchy-Riemannschen Differentialgleichungen auch u konstant sein. Also ist $f(z)$ überhaupt konstant. Analog für u. — Durch Betrachtung von $\log f(z)$ führt man die weiteren Fragen auf die eben behandelte zurück.

4. Ist M eine Schranke für $|f'(z)|$ in $|z| < 1$ und $\varepsilon > 0$, so ist für zwei innere Punkte z' und z'' des Einheits-

---

[1]) Hat $\varphi(y) = ky^2 + my + n$ (k, m, n ganzzahlig, reell) die irrationalen (reellen) Wurzeln y_0 und y_1, so ist zunächst

$$\left|\varphi\left(\frac{p}{q}\right)\right| = \left|k\left(\frac{p}{q} - y_0\right)\left(\frac{p}{q} - y_1\right)\right| \geqq \frac{1}{q^2}.$$

Hieraus folgt (Beweis?), daß für ein passendes, nur von k, m, n abhängiges $c > 0$

$$\left|\frac{p}{q} - y_0\right| \geqq \frac{c}{q^2}$$

ist.

kreises, die von einem Punkte ζ mit $|\zeta| \leqq 1$ um weniger als $\frac{\varepsilon}{2M}$ entfernt sind,

$$|f(z'') - f(z')| = \left| \int_{z'}^{z''} f'(z)\, dz \right| \leqq M \cdot |z'' - z'| < \varepsilon.$$

Damit sind die Voraussetzungen von I, § 5, Aufg. 8, erfüllt. Das Weitere ist daher durch I, § 5, Aufg. 8 und 9 beantwortet.

5. Setzt man $\sqrt{x + iy} = u + iv$, so ist

$$\left.\begin{aligned} u^2 - v^2 &= x \\ 2uv &= y \end{aligned}\right\}, \text{ also } u^2 + v^2 = \sqrt{x^2 + y^2} \; (\geqq 0 \text{ zu nehmen!}).$$

Hiernach ist $u = \pm \sqrt{\frac{1}{2}(\sqrt{x^2 + y^2} + x)}$ und v gleich demjenigen der beiden Werte $\pm \sqrt{\frac{1}{2}(\sqrt{x^2 + y^2} - x)}$, für den uv das Vorzeichen von y hat (wegen $2uv = y$). Für $y = 0$ ergibt die Formel $\pm \sqrt{x}$ bzw. $\pm i\sqrt{|x|}$, je nachdem $x > 0$ oder < 0 ist, und für $x = y = 0$ eindeutig den Wert 0.

6. Für nicht ganzzahlig-reelle Exponenten ist e^z durch die Reihensumme eindeutig definiert, während für $a \neq e$ die Potenz a^z mehrdeutig ist. Z. B. ist $e^{\frac{1}{2}}$ eindeutig, $(-e)^{\frac{1}{2}}$ zweideutig.

7. a) Setzt man $z - 1 = \varrho\,(\cos\varphi + i \sin\varphi)$ mit $\frac{\pi}{2} < |\varphi| \leqq \pi$, so ist

$$f(z) = e^{\left(\frac{1}{1-z}\right)^2} = e^{\frac{1}{\varrho^2}(\cos 2\varphi - i \sin 2\varphi)}$$

Ist also $\frac{3}{4}\pi < |\varphi| \leqq \pi$, so strebt $f(z) \to \infty$, ist $\frac{\pi}{2} < |\varphi| < \frac{3}{4}\pi$, so strebt $f(z) \to 0$. Für $\varphi = \pm \frac{3}{4}\pi$ hat man unbestimmte Divergenz.

b) Für $z = \cos t + i \sin t$ ist $\left(\frac{1}{1-z}\right)^2 = \frac{1}{4}\left[1 - \operatorname{ctg}^2 \frac{t}{2} + 2i \operatorname{ctg} \frac{t}{2}\right]$; $t \neq 2k\pi$. Also strebt $f(z) \to 0$.

8. a) Mit $z = re^{i\varphi}$, $-\pi < \varphi \leqq +\pi$ ist

$$z^a = r^a \cdot e^{ia\varphi + 2ka\pi i}, \quad k = 0, \pm 1, \pm 2, \ldots$$

Hier steht dann und nur dann ein eindeutig bestimmter Wert, wenn ka für $k = 0, \pm 1, \ldots$ ganzzahlig ist, was ersichtlich nur für ganzzahlige a der Fall ist.

b) Für $z = re^{i\varphi}$, $-\pi < \varphi \leqq +\pi$ ist der Hauptwert

$$z^i = e^{-\varphi + i \log r}, \quad |z^i| = e^{-\varphi} < e^{\pi}.$$

9. Es ist der in Rede stehende Zweig von

$$(1-z)^i = e^{i \log(1-z)}, \quad |(1-z)^i| = e^{-\operatorname{arc}(1-z)},$$

wenn für den log bzw. den arc der Hauptwert genommen wird. Für diesen gilt aber in $|z| < 1$

$$-\frac{\pi}{2} < \operatorname{arc}(1-z) < +\frac{\pi}{2}.$$

10. Liegt $z = re^{i\varphi}$ in der rechten Halbebene, so ist

$$\log z = \log r + i\varphi \text{ mit } -\frac{\pi}{2} \leqq \varphi \leqq +\frac{\pi}{2}$$

und

$$\log^2 z = (2\varphi \log r)i - \vartheta, \text{ mit reellem } \vartheta.$$

Also ist

$$e^{-i \log^2 z} = r^{2\varphi} \cdot e^{i\vartheta},$$

$$z^3 e^{-i \log^2 z} = r^{3+2\varphi} \cdot e^{i(\vartheta + 3\varphi)}.$$

Also strebt die Funktion $\to 0$, wenn das konstante φ in $-\frac{3}{2} < \varphi \leqq \frac{\pi}{2}$ liegt; sie wird unendlich, wenn $-\frac{\pi}{2} \leqq \varphi < -\frac{3}{2}$ ist, und ist unbestimmt divergent, bleibt aber beschränkt, wenn z auf dem Strahle $\varphi = -\frac{3}{2}$ gegen 0 rückt. (Figur!)

§ 4. Integralsätze

1. a) Da ein rektifizierbarer Weg eine oder auch unendlich viele Ecken haben kann, so sind die beiden ersten Fragen mit Ja zu beantworten. b) Aber auch die dritte! Denn es gibt (im Reellen) monotone stetige Funktionen $y = f(x)$, die an überall dicht gelegenen x-Stellen nicht differenzierbar sind. Das bekannteste Beispiel dafür ist die von H. A. Schwarz angegebene Funktion

$$f(x) = \sum_{n=0}^{\infty} \frac{1}{4^n} \varphi(2^n x),$$

in der $\varphi(x)$ die Funktion $[x] + \sqrt{x - [x]}$ und hierin $[x]$ die größte ganze Zahl $\leqq x$ bedeuten soll (H. A. Schwarz, Ges. Abhandlungen, Bd. II, S. 269). Ihr Bild in der xy-Ebene liefert einen rektifizierbaren Weg (weil $f(x)$ stetig und monoton), der an überall dicht gelegenen Stellen keine Tangente besitzt. — An allen Stellen kann dies dagegen nicht eintreten. Der Beweis erfordert tiefere Sätze aus der Theorie der reellen Funktionen: 1. $x = x(t)$, $y = y(t)$ liefert nur dann einen rektifizierbaren Weg, wenn die Funktionen $x(t)$ und $y(t)$ stetig und von beschränkter Schwankung sind. 2. Eine stetige Funktion von beschränkter Schwankung läßt sich als Summe zweier stetiger und monotoner Funktionen darstellen. 3. Eine stetige und monotone Funktion $f(x)$ ist für alle x differenzierbar, außer etwa an solchen Stellen, deren Menge den (Lebesgueschen) Inhalt 0 hat.

2. Es genügt zu zeigen, daß jede Halbebene $\mathfrak{H}$, die $\mathfrak{k}'$ enthält, auch den Quotienten μ der beiden Integrale enthält. Dieser ist aber der Grenzwert von

$$\frac{\sum_{\nu=1}^{n}(t_\nu - t_{\nu-1})\varrho(\zeta_\nu)\cdot f(\zeta_\nu)}{\sum_{\nu=1}^{n}(t_\nu - t_{\nu-1})\varrho(\zeta_\nu)} = \sum_{\nu=1}^{n}\alpha_\nu \cdot f(\zeta_\nu).$$

Da die Werte $f(\zeta_\nu)$ in $\mathfrak{H}$ liegen, da $\alpha_\nu > 0$ und $\sum_{\nu=1}^{n}\alpha_\nu = 1$ ist, so liegt nach § 1, Aufg. 1, auch der Wert dieses Ausdrucks in $\mathfrak{H}$ — und zwar für jedes n. Also auch der Grenzwert μ.

3. Der Existenzbeweis aus K I, § 9, ist fast ohne Änderung auch hier gültig. Nur im Beweis des Hilfssatzes 1 sind die Differenzen $(b - a)$, $(a_1 - a)$, ..., $(b - a_{p-1})$ von vornherein mit Absolutzeichen zu umgeben. — Man prüfe die Einzelheiten genau durch!

4. Es ist

$$\left|\sum_{\nu=1}^{n}(z_\nu - z_{\nu-1})f(\zeta_\nu)\right| \leqq \sum_{\nu=1}^{n}|z_\nu - z_{\nu-1}|\cdot|f(\zeta_\nu)|,$$

woraus durch Grenzübergang die Behauptung folgt.

5. Setzt man $U(x(t), y(t)) = \overline{U}(t)$ und analog $\overline{V}(t)$, so ist bei Benutzung der Bezeichnungen aus K I, § 10,

$$\sum_{\nu=1}^{n}|z_\nu - z_{\nu-1}|\cdot F(\zeta_\nu)$$
$$= \sum_{\nu=1}^{n}(t_\nu - t_{\nu-1})\sqrt{(x'(\tau_\nu))^2 + (y'(\tau_\nu'))^2}\,(\overline{U}(\tau_\nu) + i\overline{V}(\tau_\nu)).$$

Dies strebt

$$\to \int_\beta^\alpha (\overline{U}(t) + i\overline{V}(t))\sqrt{(x'(t))^2 + (y'(t))^2}\,dt$$
$$= \int_\alpha^\beta \overline{U}(t)\sqrt{x'^2 + y'^2}\,dt + i\int_\alpha^\beta \overline{V}(t)\sqrt{x'^2 + y'^2}\,dt$$

$$= {}^{(\mathfrak{k})}\int U ds + i^{(\mathfrak{k})}\int V ds = {}^{(\mathfrak{k})}\int (U + iV) ds.$$

6. Es sei $\mathfrak{K}$ ein Kreis um ζ mit dem Radius $\varrho_1 < \varrho$. Ist dann m so groß, daß für $n > m$ sowohl z_n als z'_n in $\mathfrak{K}$ liegt so ist

$$f(z_n) = \frac{1}{2\pi i} {}^{(\mathfrak{K})}\int \frac{f(z)}{z - z_n} dz, \quad f(z'_n) = \frac{1}{2\pi i} {}^{(\mathfrak{K})}\int \frac{f(z)}{z - z'_n} dz,$$

$$\frac{f(z'_n) - f(z_n)}{z'_n - z_n} - f'(\zeta) = \frac{1}{2\pi i} {}^{(\mathfrak{K})}\int f(z) \left[\frac{1}{(z - z_n)(z - z'_n)} - \frac{1}{(z - \zeta)^2}\right] dz$$

Genau wie K I, § 16, beim Beweis der Integralformeln für die Ableitungen folgt hieraus, daß die linke Seite $\to 0$ strebt, wenn $z_n \to \zeta$ und gleichzeitig $z'_n \to \zeta$ rückt.

7. Da bei festem t auf $\mathfrak{k}$ $F(z, t)$ in $\mathfrak{G}$ regulär ist, so ist

$$\frac{1}{2\pi i} {}^{(\mathfrak{K})}\int \frac{F(\zeta, t)}{\zeta - z} d\zeta = F(z, t).$$

Das in der Anleitung zur Lösung angegebene iterierte Integral ist also $= f(z)$. Eeenso ist

$$F'_z(z, t) = \frac{1}{2\pi i} {}^{(\mathfrak{K})}\int \frac{F(\zeta, t)}{(\zeta - z)^2} d\zeta.$$

Aus dieser Darstellung liest man insbesondere ab, daß auch $F'_z(z, t)$ bei festem z in $\mathfrak{G}$ eine längs $\mathfrak{k}$ stetige Funktion von t ist. Daher ist, wenn z_0 in $\mathfrak{G}$ liegt, $\mathfrak{K}$ einen noch in G gelegenen Kreis um z_0 und $z \neq z_0$ einen andern Punkt innerhalb $\mathfrak{K}$ bedeutet,

$$\frac{f(z) - f(z_0)}{z - z_0} - {}^{(\mathfrak{k})}\int_a^b F'_z(z_0, t) al$$

$$= \frac{1}{2\pi i} {}^{(\mathfrak{k})}\int_a^b \left\{ {}^{(\mathfrak{K})}\int F(\zeta, t) \left[\frac{1}{(\zeta - z)(\zeta - z_0)} - \frac{1}{(\zeta - z_0)^2}\right] d\zeta \right\}.$$

Genau wie K I, § 16, folgt hieraus, daß für $z \to z_0$ der Ausdruck $\to 0$ strebt. Also existiert $f'(z_0)$ und hat den angegebenen Wert.

§ 5. Reihenentwicklungen.

1. Nach Voraussetzung läßt sich um jeden Punkt z von $\mathfrak{G}$ ein Kreis $\mathfrak{K}_z$ beschreiben, so daß die Reihe in $\mathfrak{K}_z$ (bzw. dem zu $\mathfrak{G}$ gehörigen Teil von $\mathfrak{K}_z$) gleichmäßig konvergiert. Nach dem Heine-Borelschen Satz (K I, § 3, Satz 3) genügen endlich viele dieser Kreise, etwa $\mathfrak{K}_1, \mathfrak{K}_2, \ldots, \mathfrak{K}_p$, um $\mathfrak{G}$ zu überdecken. Ist also $\varepsilon > 0$ gegeben, so läßt sich zunächst n_ν, $(\nu = 1, 2, \ldots, p)$, so wählen, daß für alle $n > n_\nu$, alle $k \geqq 1$ und alle z in $\mathfrak{K}_\nu$

$$| f_{n+1}(z) + f_{n+2}(z) + \cdots + f_{n+k}(z) | < \varepsilon$$

ist. Ist dann N größer als jede der Zahlen $n_1, \ldots, n_p$, so ist diese Ungleichung offenbar für alle z in $\mathfrak{G}$ erfüllt, sobald $n > N$ und $k \geqq 1$ ist. Das ist aber die Behauptung.

2. Ist z in $\mathfrak{G}$ gegeben, so beschreibe man einen Kreis $\mathfrak{K}$ um z, dessen Peripherie ebenfalls noch ganz innerhalb $\mathfrak{G}$ liegt. Dann ist nach Voraussetzung $\sum\limits_{n=0}^{\infty} f_n(\zeta)$ auf der abgeschlossenen Kreisscheibe $\mathfrak{K}$ gleichmäßig konvergent. Auf der Peripherie von $\mathfrak{K}$ ist dann auch $\sum\limits_{n=0}^{\infty} \frac{f_n(\zeta)}{\zeta - z}$ gleichmäßig konvergent und $= \frac{f(\zeta)}{\zeta - z}$.

Nach K I, § 19, Satz 2, ist dann

$$\frac{1}{2\pi i} \int^{(\mathfrak{K})} \frac{f(\zeta)}{\zeta - z} d\zeta = \sum_{n=0}^{\infty} \frac{1}{2\pi i} \int^{(\mathfrak{K})} \frac{f_n(\zeta)}{\zeta - z} d\zeta = \sum_{n=0}^{\infty} f_n(z) = f(z).$$

Nach K I, § 16, definiert aber das linksstehende Integral eine innerhalb $\mathfrak{K}$, also speziell in z reguläre Funktion. Also ist $f(z)$ in $\mathfrak{G}$ regulär. Und weiter ist nach diesem § 16

$$f^{(p)}(z) = \frac{p!}{2\pi i} \int^{(\mathfrak{K})} \frac{f(\zeta)}{(\zeta - z)^{p+1}} d\zeta = \sum_{n=0}^{\infty} \frac{p!}{2\pi i} \int^{(\mathfrak{K})} \frac{f_n(\zeta)}{(\zeta - z)^{p+1}} d\zeta,$$

— letzteres, weil die benutzte Reihe auf der Peripherie von

$\mathfrak{K}$ bezüglich ζ gleichmäßig konvergiert. Also konvergiert $\sum_{n=0}^{\infty} f_n^{(p)}(z)$ und ist $= f^{(p)}(z)$. Daß diese letzte Reihe sogar in jedem $\mathfrak{G}'$ gleichmäßig konvergiert, folgt dann ebenso wie in K I, S. 75.

3. Es sei $\mathfrak{G}'$ gegeben und $\mathfrak{C}$ wie in K I, S. 75, gewählt. Ist dann $\varepsilon > 0$ gegeben, so läßt sich n_0 so bestimmen, daß für $n > n_0$, $k \geqq 1$, ζ auf $\mathfrak{C}$

$$(*) \qquad |f_{n+1}(\zeta)| + |f_{n+2}(\zeta)| + \cdots + |f_{n+k}(\zeta)| < \varepsilon$$

ausfällt. Dann ist aber auch für alle z in $\mathfrak{G}'$

$$|f_{n+1}^{(p)}(z)| + \cdots + |f_{n+k}^{(p)}(z)| \leqq \sum_{\nu=n+1}^{n+k} \frac{p!}{2\pi} \int^{(\mathfrak{C})} \frac{|f_\nu(\zeta)|}{|\zeta - z|^{p+1}} |d\zeta|,$$

— die Integrale rechterhand im Sinne von § 4, Aufg. 3, verstanden. Wegen (*) ist, wenn die (sicher positive) untere Grenze des Abstandes $|\zeta - z|$ eines Punktes von $\mathfrak{C}$ und eines Punktes von $\mathfrak{G}'$ mit ϱ und die Länge von $\mathfrak{C}$ mit l bezeichnet wird, die letzte Summe

$$< \frac{p!}{2\pi} \cdot \frac{\varepsilon}{\varrho^{p+1}} \cdot l,$$

woraus die Behauptung folgt.

4. Liegt ζ innerhalb $\mathfrak{G}$, so läßt sich um ζ ein so kleiner Kreis $\mathfrak{K}$ mit dem Radius ϱ beschreiben, daß seine Peripherie auch noch ganz innerhalb $\mathfrak{G}$ liegt und daß in ihm und auf seinem Rande $F(z) \neq 0$ ist, außer etwa in ζ selbst. Nach K I, § 33, Satz 2, ist dann

$$\text{(a)} \qquad \frac{1}{2\pi i} \int^{(\mathfrak{K})} \frac{F'(z)}{F(z)} dz = 0 \quad \text{oder} \quad = \alpha,$$

je nachdem $F(\zeta) \neq 0$ oder aber von der Ordnung α verschwindet. Von diesem Integral unterscheidet sich aber das Integral

$$\text{(b)} \qquad \frac{1}{2\pi i} \int^{(\mathfrak{K})} \frac{s_n'(z)}{s_n(z)} dz$$

um beliebig wenig, wenn nur n groß genug ist. Denn bezeichnen wir mit $\mu > 0$ die untere Grenze von $|F(z)|$ auf dem Rande von $\mathfrak{K}$ und wählen ein positives $\varepsilon < \frac{1}{2}\mu$, so kann man n_0 so bestimmen, daß für $n > n_0$ und alle z auf $\mathfrak{K}$ stets $|s_n(z) - F(z)| < \varepsilon$ und nach K I, § 19 gleichzeitig auch $|s_n'(z) - F'(z)| < \varepsilon$ ist. Dann ist erstlich längs $\mathfrak{K}$ $|s_n(z)| > \frac{1}{2}\mu$, das Integral (b) also vorhanden, und weiter die Differenz von (a) und (b) ihrem Betrage nach

$$\leqq \frac{1}{2\pi} \cdot 2\pi\varrho \cdot \operatorname{Max} \left| \frac{F'(z)}{F(z)} - \frac{s_n'(z)}{s_n(z)} \right|,$$

das Maximum auf dem Rande von $\mathfrak{K}$ genommen; also

$$\leqq \varrho \cdot \frac{2M\varepsilon}{\frac{1}{2}\mu \cdot \mu},$$

wenn M eine obere Schranke von $|F(z)|$ und $|F'(z)|$ auf $\mathfrak{K}$ bedeutet. Da hier ε beliebig klein sein durfte und andrerseits die Differenz von (a) und (b) eine ganze Zahl ist, so muß sie gleich 0 sein. Also hat $s_n(z)$ für alle hinreichend großen n innerhalb $\mathfrak{K}$ genau so viele Nullstellen wie $F(z)$ Damit sind die Behauptungen des Satzes bewiesen, einschließlich einer genaueren Angabe über die Anzahl der Nullstellen von $s_n(z)$ in der Nähe von ζ.

5. Bezüglich des ersten Teiles der Behauptungen vgl. § 3, Aufg. 9. — Ferner ist

$$nb_n = n\,\frac{i(i+1)(i+2)\cdots(i+n-1)}{1\cdot 2\cdot 3\cdots n}$$

$$|nb_n| = \left|1+\frac{i}{1}\right| \cdot \left|1+\frac{i}{2}\right| \cdots \left|1+\frac{i}{n-1}\right|$$

$$= \left[\left(1+\frac{1}{1^2}\right)\left(1+\frac{1}{2^2}\right)\cdots\left(1+\frac{1}{(n-1)^2}\right)\right]^{\frac{1}{2}}.$$

Dies strebt nach K II, § 3, 1. Beisp.,

$$\to\left(\prod_{n=1}^{\infty}\left(1+\frac{1}{n^2}\right)\right)^{\frac{1}{2}}=\left(\frac{\sin\pi i}{\pi i}\right)^{\frac{1}{2}}=\left(\frac{e^{\pi}-e^{-\pi}}{2\pi}\right)^{\frac{1}{2}}.$$

6. Es ist

$$(1+z)^{\frac{1}{z}}=e^{\frac{1}{z}\log(1+z)}=e^{1-\frac{z}{2}+\frac{z^2}{3}-+\cdots}=e\cdot e^{-\frac{z}{2}}\cdot e^{+\frac{z^2}{3}}\cdots$$

$$=e\cdot\left[1-\frac{z}{2}+\frac{z^2}{2!\,2^2}-\frac{z^3}{3!\,2^3}+\frac{z^4}{4!\,2^4}-\frac{z^5}{5!\,2^5}+-\cdots\right]$$

$$\cdot\left[1+\frac{z^2}{3}+\frac{z^4}{2!\cdot 3^2}+\cdots\right]\left[1-\frac{z^3}{4}+\cdots\right]$$

$$\cdot\left[1+\frac{z^4}{5}+\cdots\right]\left[1-\frac{z^5}{6}+\cdots\right]\cdots$$

$$=e[1-\tfrac{1}{2}z+\tfrac{11}{24}z^2-\tfrac{7}{16}z^3+\tfrac{2147}{5760}z^4-\tfrac{959}{2304}z^5+\cdots].$$

7. Es ist

$$f(z)=1+\sum_{\nu=1}^{\infty}\frac{\alpha^\nu}{\nu!}\left(\frac{z}{1-z}\right)^\nu=1+\sum_{\nu=1}^{\infty}\sum_{\lambda=0}^{\infty}\frac{\alpha^\nu}{\nu!}\binom{\nu+\lambda-1}{\lambda}z^{\nu+\lambda}$$

$$=1+\sum_{n=1}^{\infty}\left\{\sum_{k=1}^{n}\binom{n-1}{k-1}\frac{\alpha^k}{k!}\right\}z^n.$$

Es ist also $c_0=1$ und für $n\geqq 1$

$$c_n=\sum_{k=1}^{n}\binom{n-1}{k-1}\frac{\alpha^k}{k!}=\gamma_1(n)+\gamma_2(n)+\cdots+\gamma_n(n).$$

Ist nun $\alpha>0$, so wachsen bei festem n die Glieder $\gamma_k(n)$, $k=1,2,\ldots,n$, dieser Summe, solange $\gamma_k(n)\leqq\gamma_{k+1}(n)$ oder

$$k\leqq\xi=-\frac{\alpha+1}{2}+\sqrt{\left(\frac{\alpha+1}{2}\right)^2+\alpha n}$$

ist. Bezeichnet man also das Maximalglied mit μ_n, so wird es in der Summe für einen Index $k=p$ erreicht, für den die Abschätzung

$$p = \sqrt{\alpha n} + O(1)$$

gilt[1]). Wegen $\mu_n \leqq c_n \leqq n\mu_n$ ist nun

$$\log c_n = \log \mu_n + O(\log n).$$

Ferner ist

$$\log \mu_n = \log \frac{n!}{p!(n-p)!} \cdot \frac{p}{n} \cdot \frac{\alpha^p}{p!}.$$

Da nach der Stirlingschen Formel $\log m! = m \log m - m + O(\log m)$ ist, so folgt schließlich

$$\log c_n = n \log n - n - p \log p + p - (n-p) \log (n-p)$$
$$+ n - p + p \log \alpha - p \log p + p + O(\log n)$$
$$= n \log n - p \log \frac{p^2}{\alpha} + p - (n-p)\left[\log n + \log\left(1 - \frac{p}{n}\right)\right]$$
$$+ O(\log n)$$
$$= 2p + O(\log n) = 2\sqrt{\alpha n} + O(\log n),$$

womit die Behauptung bewiesen ist. — Bei den letzten Zwischenrechnungen hat man nur zu beachten, daß $\frac{\log(1-z) + z}{z^2}$ für $z \to 0$ einen Grenzwert hat.

II. Kapitel.
Singuläre Stellen.

§ 6. Die Laurentsche Entwicklung.

1. Es sei $\mathfrak{G}'$ irgendein abgeschlossenes Gebiet, das einschließlich seines Randes im Ringgebiet $\mathfrak{G}$ liegt. Dann kann man — der Beweis schließt sich ganz eng an K I, § 29, an — die geschlossenen Wege $\mathfrak{C}_1$ und $\mathfrak{C}_2$ in $\mathfrak{G}$ so wählen daß $\mathfrak{C}_1$ sowohl $\mathfrak{G}'$ als $\mathfrak{K}_2$ umschließt, während $\mathfrak{C}_2$ nur $\mathfrak{K}_2$ umschließt, dagegen $\mathfrak{G}'$ in seinem Äußern liegen läßt. Dann ist für z in $\mathfrak{G}'$

[1]) Ist (p_n) eine Folge mit positiven Gliedern, so bezeichnet $O(p_n)$ irgendeine Folge, deren Glieder, durch p_n dividiert, beschränkte Beträge haben. Insbesondere bedeutet $O(1)$ eine Folge, die selbst beschränkt ist.

$$f(z) = \frac{1}{2\pi i} \int^{(\mathfrak{C}_1)} \frac{f(\zeta)}{\zeta - z} d\zeta - \frac{1}{2\pi i} \int^{(\mathfrak{C}\ )} \frac{f(\zeta)}{\zeta - z} d\zeta.$$

Nach K I, § 16, stellt jedes der Integrale eine in der Umgebung eines jeden nicht auf $\mathfrak{C}_1$ bzw. $\mathfrak{C}_2$ gelegenen Punktes reguläre Funktion dar. Insbesondere stellt das erste Integral eine innerhalb $\mathfrak{C}_1$, also (!) sogar innerhalb $\mathfrak{K}_1$, reguläre Funktion $f_1(z)$, das zweite ebenso eine außerhalb $\mathfrak{K}_2$ (einschließlich ∞) reguläre Funktion $-f_2(z)$ dar. Da in $\mathfrak{G}$ beide regulär sind, hat man dort

$$f(z) = f_1(z) + f_2(z).$$

Hat man analog

$$f(z) = \varphi_1(z) + \varphi_2(z),$$

so ist

$$f_1(z) - \varphi_1(z) = \varphi_2(z) - f_2(z).$$

Diese Funktion ist also innerhalb $\mathfrak{K}_1$ und außerhalb $\mathfrak{K}_2$ (einschließlich ∞), also in der ganzen Ebene (einschließlich ∞) regulär und ist folglich eine Konstante.

2. Der ganz analog wie bei der vorigen Aufgabe zu machende Ansatz, bei dem das Regularitätsgebiet von $f(z)$ wie in K I, S. 58, Fig. 4, zu zerschneiden ist, führt zu der Darstellung

$$f(z) = f_1(z) + f_2(z) + \cdots + f_m(z),$$

in der $f_1(z)$ eine innerhalb $\mathfrak{K}_1$, die übrigen $f_\nu(z)$ je eine außerhalb $\mathfrak{K}_\nu$ und auch in ∞ reguläre Funktion bezeichnen ($\nu = 2, \ldots, m$). Hat man nun analog

$$f(z) = \varphi_1(z) + \varphi_2(z) + \cdots + \varphi_m(z),$$

so folgt aus

$$f_1(z) - \varphi_1(z) = (\varphi_2(z) - f_2(z)) + \cdots + (\varphi_m(z) - f_m(z))$$

wieder, daß hier beiderseits eine Konstante c steht. Aus

$$f_2(z) - \varphi_2(z) = (\varphi_3(z) - f_3(z)) + \cdots + (\varphi_m(z) - f_m(z)) - c$$

folgt dann analog, daß $f_2(z) - \varphi_2(z)$ konstant ist, usw.

3. a) Setzt man $\frac{1}{z} = z'$, so ist für $|z| > 1$, $|z'| < 1$

$$e^{\frac{1}{z-1}} = e^{\frac{z'}{1-z'}} = \sum_{n=0}^{\infty} c_n z'^n = \sum_{n=0}^{\infty} \frac{c_n}{z^n},$$

wenn die Koeffizienten c_n die Bedeutung aus § 5, Aufg. 7 (mit $\alpha = 1$), haben.

b) Für $|z| > 2$ ist $\sqrt{(z-1)(z-2)} = \pm z\left(1-\frac{1}{z}\right)^{\frac{1}{2}}\left(1-\frac{2}{z}\right)^{\frac{1}{2}}$.

Werden hier die Binomialentwicklungen genommen, so ist für $|z| > 2$ unsere Funktion also

$$= \pm z\left(1-\binom{\alpha}{1}\frac{1}{z}+\binom{\alpha}{2}\frac{1}{z^2}-+\cdots\right)\left(1-\binom{\alpha}{1}\frac{2}{z}+\binom{\alpha}{2}\frac{2^2}{z^2}-+\cdots\right)^{1)}$$

$$= \pm\left[c_0 z - c_1 + \frac{c_2}{z} - \frac{c_3}{z^2} + - \cdots\right],$$

wenn

$$c_n = \binom{\alpha}{n} + 2\binom{\alpha}{n-1}\binom{\alpha}{1} + 2^2\binom{\alpha}{n-2}\binom{\alpha}{2} + \cdots + 2^n\binom{\alpha}{n}$$

gesetzt wird.

c) $$\frac{1}{(z-a)(z-b)} = \frac{1}{a-b}\left[\frac{1}{z-a} + \frac{1}{b-z}\right]$$

$$= \frac{1}{a-b}\left[\frac{1}{z}\frac{1}{1-\frac{a}{z}} + \frac{1}{b}\frac{1}{1-\frac{z}{b}}\right]$$

$$= \frac{1}{a-b}\left[\cdots + \frac{a^2}{z^3} + \frac{a}{z^2} + \frac{1}{z} + \frac{1}{b} + \frac{z}{b^2} + \frac{z^2}{b^3} + \cdots\right].$$

d) $$\frac{1}{(z-a)(z-b)} = \frac{1}{b-a}\left[\frac{b-a}{z^2} + \frac{b^2-a^2}{z^3} + \frac{b^3-a^3}{z^4} + \cdots\right].$$

[1]) Des bequemeren Druckes wegen ist $\frac{1}{2} = \alpha$ gesetzt worden.

e) $\log\frac{1}{1-z}$ gestattet für $|z|>1$ keine Laurent-Entwicklung, da die Funktion dort nicht eindeutig ist. Setzt man $\frac{1}{z}=z'$, so ist

$$\log\frac{-z'}{1-z'}=\log(-z')+\log\frac{1}{1-z'}$$

$$=\log\left(-\frac{1}{z}\right)+\frac{1}{z}+\frac{1}{2z^2}+\frac{1}{3z^3}+\cdots$$

ein Ersatz für die fehlende Entwicklung.

4. In $0<|z|<\infty$ ist $g(z)\cdot\gamma(z)$ regulär und wird dort durch die Reihe

$$\sum_{n=-\infty}^{+\infty} c_n z^n$$

dargestellt, in der für alle $n \gtreqless 0$

$$c_n=\sum_{k=-\infty}^{+\infty} a_k\alpha_{k-n}$$

gesetzt ist. Hierbei sind alle a_ν und α_ν mit negativem Index $=0$ zu setzen. (Wodurch ist die Konvergenz dieser Reihen gesichert? Vgl. hierzu die nächste Lösung.)

5. Sind $\sum_{n=0}^{\infty}\alpha_n$ und $\sum_{n=1}^{\infty}\beta_n$ irgend zwei absolut konvergente Reihen (vgl. § 2, Aufg. 2a), so ist jede Reihe $\sum_{n=0}^{\infty}\gamma_n$ konvergent, in der die γ_n irgendwelche der Produkte $\alpha_p\beta_q$, jedoch für verschiedene n nicht dasselbe dieser Produkte, bedeuten. Enthält $\Sigma\gamma_n$ alle Produkte $\alpha_p\beta_q$, so ist ihr Wert $=\Sigma\alpha_n\,\Sigma\beta_n$. Für ein z im Innern des Konvergenzringes sind nun die gegebenen Reihen absolut konvergent, also nach der eben gemachten Bemerkung nicht nur die Reihen

$$c_n = \sum_{k=-\infty}^{+\infty} a_k b_{n-k} = z^{-n} \sum_{k=-\infty}^{+\infty} (a_k z^k)(b_{n-k} z^{n-k}),$$

$$n = 0, \pm 1, \pm 2, \ldots,$$

sondern auch die mit diesen c_n als Koeffizienten angesetzte Reihe

$$\sum_{n=-\infty}^{+\infty} c_n z^n,$$

die somit die Laurent-Entwicklung des Produktes liefert.

(Daß die Reihen nach beiden Seiten unendlich sind, macht keinen sachlichen Unterschied, da man ja auch jedes Glied mit negativem Index sich hinter das entsprechende mit positivem Index gestellt denken kann.)

6. $$e^{c\left(z+\frac{1}{z}\right)} = e^{cz} \cdot e^{\frac{c}{z}}$$

$$= \left(1 + cz + \frac{c^2}{2!} z^2 + \cdots\right)\left(1 + \frac{c}{z} + \frac{c^2}{2!} \frac{1}{z^2} + \cdots\right)$$

$$= \sum_{n=-\infty}^{+\infty} c_n z^n = c_0 + \sum_{n=1}^{\infty} c_n \left(z^n + \frac{1}{z^n}\right),$$

wenn $c_n = c_{-n} = \sum_{k=0}^{\infty} \frac{c^{n+k}}{(n+k)!} \cdot \frac{c^k}{k!}$, $n \geqq 0$ gesetzt wird.

§ 7. Die verschiedenen Arten singulärer Stellen.

1. a) $= (z^2 + 4)\, e^{-z}$; wesentlich singulär.

b) $= \pm z\left(1 - \frac{1}{z}\right)^{\frac{1}{2}}\left(1 - \frac{2}{z}\right)^{\frac{1}{2}} = \pm z\left(1 + \frac{a_1}{z} + \frac{a_2}{z^2} + \cdots\right)$;

in jedem der beiden, in ∞ und Umgebung getrennt verlaufenden Blätter liegt ein Pol erster Ordnung.

c) $1 - z - \frac{z^2}{2!} + \frac{z^3}{3!} + - \cdots$; wesentlich singulär.

d) und e) haben in ∞ keine isolierte singuläre Stelle, fallen daher nicht unter die Klassifikation von K I, § 31. Der Punkt ∞ ist hier Häufungspunkt von Polen erster Ordnung.

f) $= 1 - \frac{1}{z^2} + \frac{1}{2!z^4} - + \cdots$; regulär und $= +1$ in ∞.

g) Setzt man $1:z = z'$, so wird für $|z| > 1$, $|z| < 1$

$$\sin\frac{1}{1-z} = -\sin\frac{z'}{1-z'} = -\frac{z'}{1-z'} + \frac{1}{3!}\left(\frac{z'}{1-z'}\right)^3 - + \cdots,$$

also (vgl. I, § 10, 1b)

$$= -z' + a_2 z'^2 + \cdots = -\frac{1}{z} + \frac{a_2}{z^2} + \cdots.$$

Die Funktion ist also in ∞ regulär und hat dort eine Nullstelle erster Ordnung.

h) und i) Hier ist ∞ wieder Häufungsstelle von Polen erster Ordnung.

2. a) $= 1 + \frac{1}{z} + \frac{1}{2!z^2} + \cdots$; wesentlich singulär.

b) $= -\frac{1}{(z-1)} + \frac{1}{3!(z-1)^3} - + \cdots$; wesentlich singulär.

c) $$= \frac{1}{1 - \left[1 + (z - 2\pi i) + \frac{1}{2!}(z - 2\pi i)^2 + \cdots\right]}$$

$$= -\frac{1}{z - 2\pi i} + \frac{1}{2} + a_1(z - 2\pi i) + \cdots;$$

Pol erster Ordnung mit dem Residuum -1.

d) $\sin z - \cos z = \sqrt{2}\sin\left(z - \frac{\pi}{4}\right) =$

$$\sqrt{2}\left(z-\frac{\pi}{4}\right)-\frac{\sqrt{2}}{6}\left(z-\frac{\pi}{4}\right)^2+\cdots:$$

Pol erster Ordnung mit dem Residuum $\frac{1}{2}\sqrt{2}$.

3. Es hat $f_1 \pm f_2$ wieder einen Pol β^{ter} Ordnung; $f_1 f_2$ einen Pol $(\beta-\alpha)^{\text{ter}}$ Ordnung oder eine Nullstelle $(\alpha-\beta)^{\text{ter}}$ Ordnung oder eine reguläre Stelle mit von 0 verschiedenem Funktionswert, je nachdem $\beta>\alpha$, $<\alpha$ oder $=\alpha$ ist; $\frac{f_1}{f_2}$ eine Nullstelle $(\alpha+\beta)^{\text{ter}}$ Ordnung; $\frac{f_2}{f_1}$ einen Pol $(\alpha+\beta)^{\text{ter}}$ Ordnung. Beweise durch Ansetzen der Potenzreihen.

4. Da e^z eine ganze Funktion, so gibt es beliebig große Kreise $\mathfrak{K}$ um 0, für die die Voraussetzungen des Satzes 2 in K I, § 33, erfüllt sind. Die Anzahl der im Innern von $\mathfrak{K}$ liegenden Nullstellen ist

$$=\frac{1}{2\pi i}{}^{(\mathfrak{K})}\!\!\int dz=0.$$

5. Die reelle Funktion besitzt in $x=0$ eine Nullstelle, sie ist dort differenzierbar, besitzt dort sogar Ableitungen jeder Ordnung, die alle den Wert 0 haben. Das Kurvenbild weist keinerlei irreguläres Verhalten bei $x=0$ auf und ist höchstens dadurch bemerkenswert, daß die Berührung der Kurve und der x-Achse in $x=0$ eine bessere ist als die jeder Parabel $y=x^n$. Die Funktion komplexen Argumentes $w=e^{-\frac{1}{z^2}}$ hat dagegen eine wesentlich singuläre Stelle in $z=0$, ist dort also weder stetig noch differenzierbar und die Funktion kommt in jeder Umgebung von 0 jedem Werte beliebig nahe.

6. $F_0(z)$ besitzt überhaupt kein Definitionsgebiet, da das bei z_0 uneigentliche Integral wegen $\beta \geqq 1$ divergent ist.

Da zur Bildung von $F_1(z)$ die Laurent-Entwicklung von $f(z)$ gliedweis integriert werden darf, so erkennt man sofort, daß $F_1(z)$ dann und nur dann in der Umgebung von z_0 eindeutig ist, wenn das Residuum von $f(z)$ in z_0 gleich 0, insbesondere also $\beta \geqq 2$ ist. $F_1(z)$ hat dann in z_0 einen Pol $(\beta - 1)^{\text{ter}}$ Ordnung. Ist das genannte Residuum $= c \neq 0$, so hat $F_1(z)$ in z_0 eine logarithmische Singularität; genauer: $F_1(z) - c \log(z - z_0)$ ist eindeutig in der Umgebung von z_0 und hat in z_0 einen Pol $(\beta - 1)^{\text{ter}}$ Ordnung (bzw. ist dort regulär, falls $\beta = 1$ ist).

7. Da die Entwicklung

$$\frac{\varphi(\zeta)}{\zeta - z} = -\frac{1}{z}\varphi(\zeta) - \frac{1}{z^2}\cdot\zeta\varphi(\zeta) - \frac{1}{z^3}\cdot\zeta^2\varphi(\zeta) - \cdots$$

bei festem hinreichend großem z bezüglich ζ längs $\mathfrak{k}$ gleichmäßig konvergiert, so hat die außerhalb $\mathfrak{K}$ gültige Laurent-Entwicklung von $f(z)$ die Form $\frac{a_1}{z} + \frac{a_2}{z^2} + \cdots$. $f(z)$ ist in ∞ regulär und hat dort eine Nullstelle.

8. Für $|z| > R$ sei $f(z) = \sum\limits_{n=-\infty}^{+\infty} a_n z^n$. Da diese Entwicklung längs $\mathfrak{k}$ gliedweis integriert werden darf und hierbei alle Summanden einen eindeutigen (d. h. von $\mathfrak{k}$ unabhängigen) Wert liefern, außer

$$a_{-1}\cdot \overset{(\mathfrak{k})}{\int\limits_{z_0}^{z}} \frac{d\zeta}{\zeta},$$

so ist $F(z)$ dann und nur dann eindeutig, wenn $a_{-1} = 0$ ist. Ist diese Bedingung erfüllt und hat $f(z)$ in ∞ einen Pol β^{ter} Ordnung, so hat $F(z)$ einen solchen $(\beta + 1)^{\text{ter}}$ Ordnung; speziell einen Pol erster Ordnung, falls $f(z)$ in ∞ regulär und $\neq 0$ ist. Hat $f(z)$ in ∞ eine Nullstelle α^{ter} Ordnung ($\alpha \geqq 2$ wegen $a_{-1} = 0$), so hat $F(z)$ eine Nullstelle $(\alpha - 1)^{\text{ter}}$ Ordnung. — Ist $a_{-1} \neq 0$, so bleibt $F(z) - a_{-1}\cdot\log z$ für $|z| > R$ regulär und weist in ∞ wiederum ein leicht anzugebendes Verhalten auf.

9. Es sei $z_0 \neq \infty$ und $f(z)$ in der Umgebung von z_0 beschränkt. Da das zweite der in der Aufgabe hingeschriebenen Integrale für alle hinreichend kleinen Kreise $\mathfrak{K}_2$ denselben Wert hat (vgl. K I, S. 115, oben), so kann man zur Ermittlung dieses Wertes den Radius ϱ von $\mathfrak{K}_2$ zu Null abnehmen lassen. Nun ist aber, wenn nur $\varrho < |z - z_0|$ ist und M eine Schranke für $|f(\zeta)|$ bedeutet,

$$\left|\frac{1}{2\pi i} \int^{(\mathfrak{K}_2)} \frac{f(\zeta)}{\zeta - z} d\zeta \right| \leqq \frac{1}{2\pi} \cdot 2\pi\varrho \cdot \frac{M}{|z - z_0| - \varrho},$$

was mit ϱ zu 0 abnimmt. Daher ist dieses zweite Integral $= 0$ und $f(z)$ gleich dem ersten Integral. Dieses definiert aber nach K I, § 16 eine innerhalb $\mathfrak{K}_1$, also speziell in z_0 reguläre Funktion. Da diese für $z \neq z_0$ mit $f(z)$ übereinstimmt, so ist $f(z)$ in z_0 regulär. Da umgekehrt eine in z_0 reguläre Funktion in einer Umgebung von z_0 beschränkt ist, so ist der erste Teil des Riemannschen Satzes für $z_0 \neq \infty$ bewiesen. Der Fall $z_0 = \infty$ wird durch die Transformation $z = \frac{1}{z'}$ auf den Fall $z_0 = 0$ zurückgeführt. Die beiden andern Teile des Riemannschen Satzes ergeben sich nun wieder unmittelbar aus der Definition eines Poles bzw. einer wesentlich singulären Stelle als einer Stelle, bei deren Annäherung die Funktion bestimmt unendlich bzw. völlig unbestimmt wird.

10. Gesetzt, es gäbe eine Stelle z_0, eine Zahl c und ein $\varepsilon > 0$, so daß in einer Umgebung von z_0 (von z_0 selbst abgesehen) $f(z)$ eindeutig und regulär, aber stets $|f(z) - c| \geqq \varepsilon$ wäre, so wäre dort auch $\frac{1}{f(z) - c}$ eindeutig und regulär und bliebe dort beschränkt. Nach dem Riemannschen Satz müßte dann z_0 eine reguläre Stelle dieser Funktion sein. Daher hätte dort $f(z)$ entgegen der Annahme eine reguläre Stelle oder einen Pol.

11. Da die Beweise für $z_0 = \infty$ und $z_0 \neq \infty$ ganz analog verlaufen, genügt es, den ersten Fall zu betrachten. Es sei dann c eine beliebige komplexe, ε eine beliebig kleine und R eine beliebig große positive Zahl. Der Kreis mit ε um c heiße $\mathfrak{C}$, der mit R um 0 heiße $\mathfrak{K}$. Dann gibt es nach Casorati-Weierstraß ein z_1 außerhalb $\mathfrak{K}$, so daß $f(z_1) = c_1$ innerhalb $\mathfrak{C}$ liegt. Um z_1 können wir einen Kreis $\mathfrak{K}_1$ und um c_1 einen Kreis $\mathfrak{C}_1$ derart beschreiben, daß alle Werte in $\mathfrak{C}_1$ von $f(z)$ innerhalb $\mathfrak{K}_1$ angenommen werden (vgl. Bi, S. 6, sowie K I, § 34). $\mathfrak{C}_1$ denken wir uns dabei so klein, daß er ganz innerhalb $\mathfrak{C}$ liegt und $\mathfrak{K}_1$ so, daß er ganz außerhalb $\mathfrak{K}$ liegt. Nun gibt es ein $|z_2| > 2R$, so daß $f(z_2) = c_2$ innerhalb $\mathfrak{C}_1$ liegt. Um z_2 beschreiben wir $\mathfrak{K}_2$ und um c_2 den Kreis $\mathfrak{C}_2$, so daß alle Werte in $\mathfrak{C}_2$ von $f(z)$ in $\mathfrak{K}_2$ angenommen werden. Überdies liege $\mathfrak{C}_2$ ganz innerhalb $\mathfrak{C}_1$ und $\mathfrak{K}_2$ ganz außerhalb $\mathfrak{K}$ und $\mathfrak{K}_1$. Nun gibt es ein $|z_3| > 3R$, so daß $f(z_3) = c_3$ innerhalb $\mathfrak{C}_2$ liegt, usw. Es gibt mindestens einen Punkt a, der allen Kreisen $\mathfrak{C}, \mathfrak{C}_1, \mathfrak{C}_2, \mathfrak{C}_3, \ldots$ gemeinsam ist. Die Gleichung $f(z) = a$ hat dann mindestens je eine Lösung in $\mathfrak{K}_1, \mathfrak{K}_2, \ldots$, also unendlich viele Lösungen außerhalb $\mathfrak{K}$, w. z. b. w. (Die Kreise $\mathfrak{K}, \mathfrak{K}_1, \ldots$ zeichne man in der z-Ebene, die Kreise $\mathfrak{C}, \mathfrak{C}_1, \ldots$ in einer w-Ebene).

§ 8. Residuensatz, Nullstellen und Pole.

1. Es ist $\dfrac{\varphi(z)}{f(z)} = \dfrac{b_0}{z^n} + \dfrac{b_1}{z^{n-1}} + \cdots + \dfrac{b_{n-1}}{z}$, wenn $\dfrac{a_\nu}{a_n} = b_\nu$ gesetzt wird, $(\nu = 0, 1, \ldots, n-1)$. Für $|z| > 1$ ist daher

$$\left|\frac{\varphi(z)}{f(z)}\right| < \frac{|b_0| + |b_1| + \cdots + |b_{n-1}|}{|z|}, \text{ also} < 1 \text{ für } |z| = R,$$

wofern $R > 1$ groß genug gewählt wird. Dies R kann nach K I, § 28, Satz 2, überdies so groß gewählt werden, daß außerhalb des Kreises $|z| = R$ und auf seinem Rande das

Polynom $a_0 + a_1 z + \cdots + a_n z^n$ sicher keine Nullstelle mehr hat. Auf die Kreislinie $|z| = R$ ist nun der in der Aufgabe genannte Satz anwendbar. Da $f(z) = a_n z^n$ in $|z| < R$ offenbar nur die n-fache Nullstelle 0 hat, so hat $f(z) + \varphi(z) = a_0 + a_1 z + \cdots + a_n z^n$ in $|z| < R$ auch genau n Nullstellen und sonst keine weiteren.

2. ze^{z^2} oder $(z^2 - 1)\, e^{cz}$, falls c nicht reell.

3. Hat $f(z)$ in z_0 einen Pol erster Ordnung, so ist das dortige Residuum $= \lim\limits_{z \to z_0} (z - z_0) f(z)$. Andernfalls muß man die Laurent-Entwicklung aufstellen, um das Residuum zu erhalten.

$$\text{a)} = \lim_{z \to k\pi} \frac{(z - k\pi)}{\sin z} = \left(\frac{1}{\cos z}\right)_{z = k\pi} = (-1)^k.$$

$$\text{b}_1) = \lim_{z \to 1} \frac{z}{(z-2)^2} = 1.$$

$$\text{b}_2)\ f(z) = \frac{1}{(z-2)^2} \cdot \frac{2 + (z-2)}{1 + (z-2)}$$

$$= \frac{2}{(z-2)^2} - \frac{1}{z-2} + c_0 + c_1(z-2) + \cdots.$$

Residuum $= -1$.

$$\text{c}_1)\ f(z) = \frac{1}{(z-z_1)^m} \cdot \frac{-a}{z_2 - z_1}\left[1 + \frac{z - z_1}{z_2 - z_1} + \left(\frac{z - z_1}{z_2 - z_1}\right)^2 + \cdots\right]$$

$$\text{Residuum} = \frac{-a}{(z_2 - z_1)^m}.$$

$$\text{c}_2) = \lim_{z \to z_2} \frac{a}{(z - z_1)^m} = \frac{a}{(z_2 - z_1)^m}.$$

$$\text{d)} = \lim_{z \to z_k} \frac{(z - z_k) \sin z}{\cos z} = -1.$$

e) $e^{\frac{1}{z}} = 1 + \frac{1}{z} + \frac{1}{2!}\frac{1}{z^2} + \cdots$ Residuum $= 1$.

f) $e^{\frac{1}{z-1}} = 1 + \frac{1}{z-1} + \cdots$ Residuum $= 1$.

g) $= \lim\limits_{z \to 2k\pi i} \frac{z - 2k\pi i}{1 - e^z} = \left(\frac{1}{-e^z}\right)_{z = 2k\pi i} = -1.$

4. Aus

$$[\varphi(z_0) + \varphi'(z_0) \cdot (z - z_0) + \cdots]\left[\frac{\alpha}{z - z_0} + \cdots\right]$$

abzulesen. Residuum $= \alpha z_0$ bzw. $\alpha\varphi(z_0)$. Analog für die zweite Frage: $-\beta z_0$ bzw. $-\beta \cdot \varphi(z_0)$.

5. Nach K I, § 33, Satz 3, und nach der vorigen Aufgabe ist unter den Voraussetzungen des genannten Satzes das erste Integral

$$= \Sigma z_\nu - \Sigma z'_\mu$$

erstreckt über die innerhalb $\mathfrak{C}$ gelegenen Nullstellen z_ν bzw. die dort gelegenen Pole z'_μ, ein jedes so oft genommen, wie die zugehörige Ordnungszahl Einheiten hat. Analog ist das zweite Integral

$$= \Sigma\varphi(z_\nu) - \Sigma\varphi(z'_\mu).$$

6. Setzt man

$$\frac{1}{\nu!} f^{(\nu)}(z_0) = a_\nu, \quad \frac{1}{\nu!} g^{(\nu)}(z_0) = b_\nu, \qquad \nu = 0, 1, 2, \ldots,$$

so ist

$$\frac{g(z)}{f(z)} = \frac{a_0 + a_1(z - z_0) + a_2(z - z_0)^2 + \cdots}{b_2(z - z_0)^2 + b_3(z - z_0)^3 + \cdots}; \; a_0 \neq 0, \; b_2 \neq 0.$$

$$= \frac{1}{b_2 z'^2}\left[a_0 + a_1 z' + \cdots\right]\left[1 - \frac{b_3}{b_2} z' + \cdots\right]; \quad z' = (z - z_0);$$

$$\text{Residuum} = \frac{a_1 b_2 - a_0 b_3}{b_2^2}.$$

Für die zweite Frage hat man analog bei $b_3 \neq 0$:

$$\frac{f(z)}{g(z)} = \frac{1}{b_3 z'^3}\left[a_0 + a_1 z' + a_2 z'^2 + \cdots\right]\left[1 - \frac{b_4}{b_3} z' + \left(\frac{b_4^2}{b_3^2} - \frac{b_5}{b_3}\right) z'^2 + \cdots\right]$$

$$\text{Residuum} = \frac{a_0 b_4^2 - a_0 b_3 b_5 - a_1 b_3 b_4 + a_2 b_3^2}{b_3^3}.$$

7. a) $= 2\pi i$.

b) Da alle Pole (die in den ungeraden Vielfachen von $\frac{1}{2}$ liegen) das Residuum $-\dfrac{1}{\pi}$ haben (vgl. Aufg. 3d), ist das Integral $= -4ni$.

c) $$= 2\pi i\left(\frac{f(z_1)}{(z_1 - z_2)\cdots(z_1 - z_k)} + \frac{f(z_2)}{(z_2 - z_1)\cdots(z_2 - z_k)} + \cdots + \frac{f(z_k)}{(z_k - z_1)\cdots(z_k - z_{k-1})}\right).$$

8. Aus den Voraussetzungen folgt sofort, daß r_0 so groß gewählt werden kann, daß für $|z| > r_0$ Zähler und Nenner von $R(z)$ keine Nullstelle mehr haben und daß für ein passendes $\alpha > 0$ dort $|R(z)| < \dfrac{\alpha}{|z|^2}$ bleibt. Daraus folgt zunächst die Konvergenz des Integrals. Ist dann $r > r_0$ und $\mathfrak{C}$ der geschlossene Weg, der von $-r$ längs der reellen Achse nach $+r$ und von dort längs der oberen Hälfte $\mathfrak{H}$ des Kreises $|z| = r$ zurück nach $-r$ führt, so ist

$$\int^{(\mathfrak{C})} R(z)\,dz = \int_{-r}^{+r} R(x)\,dx + \int^{(\mathfrak{H})} R(z)\,dz = 2\pi i S.$$

Hierbei ist aber

$$\left|\int^{(\mathfrak{H})} R(z)\,dz\right| \leq \frac{\alpha}{r^2}\cdot \pi r = \frac{\alpha\pi}{r}.$$

Für $r \to +\infty$ ergibt sich hieraus die Behauptung (und nochmals die Konvergenz des Integrals).

9. Nach dem Cauchyschen Integralsatz ist

$$J_1 + J_2 + J_3 + J_4 = 0,$$

also

$$J_1 + J_3 \text{ oder also } 2i\int_{\varrho}^{r} \frac{\sin x}{x}\,dx = -J_2 - J_4.$$

Nach I, § 7, Aufg. 6a und b strebt $J_2 \to 0$ für $r \to +\infty$ und $J_4 \to -\pi i$ für $\varrho \to 0$. Also ist

$$\int_0^{\infty} \frac{\sin x}{x}\,dx = \frac{\pi}{2}.$$

10. Es ist ${}^{(\mathfrak{C})}\!\int e^{-z^2}dz = 0$, also

$$0 = \int_0^R e^{-t^2}dt + \int_0^{\frac{1}{4}\pi} e^{-R^2(\cos 2\varphi + i\sin 2\varphi)} \cdot iRe^{i\varphi}d\varphi + \int_{z_1}^{0} e^{-z^2}dz,$$

wenn das letzte Integral wieder geradlinig genommen wird. Für $R \to +\infty$ hat das erste Integral den Grenzwert $\frac{1}{2}\sqrt{\pi}$ und das zweite den Grenzwert 0, denn es ist absolut genommen

$$\leqq R\int_0^{\frac{\pi}{4}} e^{-R^2\cos 2\varphi}d\varphi = \frac{1}{2}R\int_0^{\frac{\pi}{2}} e^{-R^2\sin\psi}d\psi, \quad \left(\varphi = \frac{\pi}{4} - \frac{\psi}{2}\right).$$

Nun ist in $0 \ldots \frac{\pi}{2}$ bekanntlich $\sin\varphi > \frac{1}{2}\varphi$, also das Integral auch

$$< \frac{1}{2}R \cdot \int_0^{\frac{\pi}{2}} e^{-\frac{1}{2}R^2\varphi}d\varphi < \frac{1}{R}, \text{ strebt also gegen } 0.$$

Das dritte unserer Integrale ist für $z = \frac{1+i}{\sqrt{2}}\,t$

$$= -\frac{1+i}{\sqrt{2}}\int_0^R e^{-it^2}dt = -\frac{1+i}{\sqrt{2}}\left(\int_0^R \cos(t^2)\,dt - i\int_0^R \sin(t^2)\,dt\right).$$

Daher strebt für $R \to \infty$

$$\int_0^R \cos(t^2)\,dt - i\int_0^R \sin(t^2)\,dt \to \frac{\sqrt{2}}{1+i}\cdot\frac{1}{2}\sqrt{\pi} = \frac{1}{2}\sqrt{\frac{\pi}{2}}\cdot(1-i).$$

Trennung in Reelles und Imaginäres liefert die beiden Formeln.

III. Kapitel.

Ganze und meromorphe Funktionen.

§ 9. Unendliche Produkte. Weierstraßscher Produktsatz.

1. Nach K II, § 2, Satz 4 und 5 sind die Produkte absolut konvergent. Weiter hat man

a) $$= \prod_{n=1}^{\infty}\frac{(n+1)^2}{n(n+2)}$$

$$= \lim_{n\to\infty}\frac{2\cdot 2}{1\cdot 3}\cdot\frac{3\cdot 3}{2\cdot 4}\cdot\ldots\cdot\frac{(n+1)(n+1)}{n(n+2)} = 2.$$

b) $$= \prod_{n=2}^{\infty}\frac{(n-1)(n+2)}{n(n+1)}$$

$$= \lim \frac{1\cdot 4}{2\cdot 3}\cdot\frac{2\cdot 5}{3\cdot 4}\cdot\ldots\cdot\frac{(n-1)(n+2)}{n(n+1)} = \frac{1}{3}$$

c) $$= \prod_{n=2}^{\infty}\frac{(n-1)((n+1)^2-(n+1)+1)}{(n+1)(n^2-n+1)}$$

$$= \lim_{n\to\infty}\frac{1\cdot 2}{3}\cdot\frac{n^2+n+1}{n(n-1)} = \frac{2}{3}.$$

d) $\prod_{n=1}^{\infty}\left(1+\frac{1}{n^2}\right)=\frac{\sin \pi z}{\pi z}$ für $z=i$, also $=\frac{e^{\pi}-e^{-\pi}}{2\pi}$.

(Vgl. § 5, Aufg. 5.)

2. Subtrahiert man die n^{te} Teilsumme der Reihe von 1, so ergibt sich durch schrittweises Zusammenfassen

$$(1-\vartheta_1)(1-\vartheta_2)\cdots(1-\vartheta_n).$$

Da dies >0, so sind die Teilsummen <1, die Reihe also konvergent. Genauer: Ist $\sum\vartheta_n$ divergent, so ist die vorgelegte Reihe konvergent mit der Summe 1. Ist $\sum\vartheta_n$ konvergent, so ist es nach K II, § 2, Satz 5, auch $\Pi(1-\vartheta_n)$, und die vorgelegte Reihe konvergiert mit der Summe $1-\Pi(1-\vartheta_n)$.

3. a) in $0\leqq x\leqq 1$ ist $e^{\frac{1}{2}x}\leqq 1+x\leqq e^x$; vgl. I, § 6, Aufg. 3. Also ist, da unter jeder der Voraussetzungen $\gamma_\nu\to 0$ streben muß, für alle λ von einer Stelle an und alle $k\geqq 1$

$$e^{\frac{1}{2}(\gamma_\lambda+\gamma_{\lambda+1}+\cdots+\gamma_{\lambda+k})}\leqq\prod_{\nu=\lambda}^{\lambda+k}(1+\gamma_\nu)\leqq e^{(\gamma_\lambda+\gamma_{\lambda+1}+\cdots+\gamma_{\lambda+k})}$$

Nach der rechten Hälfte dieser Ungleichung folgt aus der Beschränktheit der Teilsummen von $\sum\gamma_\nu$ die der Teilprodukte von $\Pi(1+\gamma_\nu)$ und nach der linken Hälfte das Umgekehrte.

b) Es ist

$$\gamma_1+\gamma_2+\cdots+\gamma_n<(1+\gamma_1)(1+\gamma_2)\cdots(1+\gamma_n).$$

Aus der Beschränktheit der Teilprodukte folgt also die der Teilsummen. Wählt man andererseits, wenn $\sum\gamma_\nu$ konvergiert, m so, daß $\gamma_{m+1}+\gamma_{m+2}+\cdots+\gamma_{m+k}<\frac{1}{2}$ für alle $k\geqq 1$, so folgt, daß

$$(1+\gamma_{m+1})\cdots(1+\gamma_{m+k})<1+(\gamma_{m+1}+\cdots+\gamma_{m+k})$$
$$+(\gamma_{m+1}+\cdots+\gamma_{m+k})^2+\cdots,$$

also <2 ist für alle $k\geqq 1$. Also ist auch $\Pi(1+\gamma_\nu)$ konvergent.

4. Aus der Voraussetzung folgt zunächst, daß $a_n \to 0$ strebt. Nun ist für $|z| < \frac{1}{2}$ offenbar $|\log(1+z) - z| \leqq \frac{|z|^2}{2}(1 + |z| + |z|^2 + \cdots) < |z|^2$. Wird also m so gewählt, daß für $n > m$ stets $|a_n| < \frac{1}{2}$ ist, so ist für alle $n > m$ und alle $k \geqq 1$

$$\left|\sum_{\nu=n+1}^{n+k} \log(1 + a_\nu) - \sum_{\nu=n+1}^{n+k} a_\nu\right| \leqq \sum_{\nu=n+1}^{n+k} |a_\nu|^2,$$

was $\to 0$ strebt für $n \to \infty$. Daraus kann die Behauptung abgelesen werden. — Aus $\left|\frac{\log(1 + a_n)}{a_n}\right| \to 1$ ergibt sich weiter sofort die Behauptung bezüglich der absoluten Konvergenz der Reihen.

5. a) und b) $|z| < 1$;

c) die ganze Ebene;

d) und e) die Halbebene $\Re(z) > 1$. Beweis jedesmal nach K II, § 2, Satz 5.

6. a) Es ist $(1 - z) \cdot (1 + z)(1 + z^2) \cdots (1 + z^{2^n}) = 1 - z^{2^{n+1}}$, was $\to 1$ strebt.

b) Nach a) ist $\frac{1}{1 - z^{2\nu+1}} = \prod_{n=0}^{\infty}(1 + z^{2^n(2\nu+1)})$. Die Exponenten $2^n(2\nu + 1)$ liefern aber für $n = 0, 1, 2, \ldots$, $\nu = 0, 1, 2, \ldots$ jede natürliche Zahl ein- und nur einmal.

7. Da man endlich viele Potenzreihen miteinander nach den elementaren Regeln multiplizieren darf, so ist der Ansatz (*) der Aufgabe jedenfalls erlaubt, d. h. $A_\lambda^{(n)}$ wird (bei festem n und λ) gewonnen, indem man links alle höheren Potenzen $z^{\lambda+1}, z^{\lambda+2}, \ldots$ unterdrückt, das endliche Produkt gewöhnlicher Summen $\prod_{\nu=1}^{n}(1 + a_0^{(\nu)} + a_1^{(\nu)} z + \cdots + a_\lambda^{(\nu)} z^\lambda)$ ausmultipliziert und die Glieder mit z^λ sammelt. Nach dem Weierstraßschen Doppelreihensatz (K I, § 20, Satz 3) ist

nun, weil nach K II, S. 17/18 die Reihe $P_1 + (P_2 - P_1) + \cdots$ in $|z| \leqq \varrho < r$ gleichmäßig konvergiert, bei festem λ auch die Reihe

$$A_\lambda^{(1)} + (A_\lambda^{(2)} - A_\lambda^{(1)}) + \cdots = \lim_{n\to\infty} A_\lambda^{(n)}$$

konvergent und hat zum Werte den Koeffizienten A_λ.

8. Es ist $\dfrac{\sin \pi z}{\pi z} = 1 - \dfrac{\pi^2 z^2}{6} + \dfrac{\pi^4 z^4}{120} - + \cdots$ und andererseits durch Ausmultiplizieren des Produkts nach der vorigen Aufgabe

$$= 1 - \left(\sum_{n=1}^{\infty} \frac{1}{n^2}\right) z^2 + \left[\sum_{k=1}^{\infty}\left(\sum_{n=k+1}^{\infty} \frac{1}{k^2 n^2}\right)\right] z^4 - + \cdots.$$

Es ist also $\sum\limits_{n=1}^{\infty} \dfrac{1}{n^2} = \dfrac{\pi^2}{6}$ und

$$\sum_{k=1}^{\infty} \frac{1}{k^2}\left(\sum_{n=k+1}^{\infty} \frac{1}{n^2}\right) = \sum_{n=2}^{\infty} \frac{1}{n^2}\left(\sum_{k=1}^{n-1} \frac{1}{k^2}\right) = \frac{\pi^4}{120}.$$

Addiert man die beiden letzten Reihen gliedweise, so erhält man $\left(1 + \dfrac{1}{2^2} + \dfrac{1}{3^2} + \cdots\right)^2 - \left(1 + \dfrac{1}{2^4} + \dfrac{1}{3^4} + \cdots\right) = \dfrac{\pi^4}{60}$.

Hiernach ist $\sum\limits_{n=1}^{\infty} \dfrac{1}{n^4} = \dfrac{\pi^4}{36} - \dfrac{\pi^4}{60} = \dfrac{\pi^4}{90}$.

9. a) $C_0 = 1,\ C_1 = \sum\limits_{\nu=1}^{\infty} c_\nu,\ C_2 = \sum\limits_{1 \leqq \varkappa < \lambda}^{\infty} c_\varkappa c_\lambda,$

$$C_3 = \sum_{1 \leqq \varkappa < \lambda < \mu}^{\infty} c_\varkappa c_\lambda c_\mu, \ldots.$$

b) $A_0 = 1,\ A_1 = \sum\limits_{\nu=1}^{\infty} q^{2\nu-1} = \dfrac{q}{1-q^2},$

$$A_2 = \frac{q^4}{(1-q^2)(1-q^4)}, \ldots.$$

A_1 und A_2 findet man direkt nach a), die allgemeine Form von A_ν bequemer so: Es ist

$$\Pi(1 + q^{2n-1}z) = f(z) = (1 + qz) f(q^2 z),$$

also

$$1 + A_1 z + A_2 z^2 + \cdots = (1 + qz)(1 + A_1 q^2 z + A_2 q^4 z^2 + \cdots).$$

Dies liefert

$$A_\nu = A_{\nu-1} \cdot \frac{q^{2\nu-1}}{1-q^{2\nu}}, \text{ was } A_\nu = \frac{q^{\nu^2}}{(1-q^2)(1-q^4)\ldots(1-q^{2\nu})}$$

zur Folg hat.

c) Nach a) ist $\sum_{\nu=-\infty}^{\infty} D_\nu z^\nu = \sum_{\nu=0}^{\infty} C_\nu z^\nu \cdot \sum_{\nu=0}^{\infty} \frac{C_\nu}{z^\nu}$. Also ist $D_0 = C_0^2 + C_1^2 + C_2^2 + \cdots$ und allgemein für alle $\nu \geqq 0$ $D_\nu = D_{-\nu} = C_0 C_\nu + C_1 C_{\nu+1} + C_2 C_{\nu+2} + \cdots$. Die Entwicklung kann daher auch in der Form $D_0 + D_1\left(z + \frac{1}{z}\right) + D_2\left(z^2 + \frac{1}{z^2}\right) + \cdots$ geschrieben werden. (Vgl. hierzu § 6, Aufg. 5.)

d) $B_\nu = B_{-\nu} = A_0 A_\nu + A_1 A_{\nu+1} + \cdots$, $\nu \geqq 0$, nach b) und c). Geschlossene Werte erhält man so: Wegen $F(z) = qz \cdot F(q^2 z)$ ist

$$B_0 + B_1\left(z + \frac{1}{z}\right) + \cdots = B_0 qz + \left(B_1 q^3 z^2 + \frac{B_1}{q}\right) + \cdots.$$

Der Vergleich liefert $B_\nu = q^{2\nu-1} B_{\nu-1}$, $\nu = 1, 2, \ldots$, und somit $B_\nu = q^{\nu^2} \cdot B_0$. Es ist also

$$F(z) = B_0 \cdot \left[1 + q\left(z + \frac{1}{z}\right) + \cdots + q^{\nu^2}\left(z^\nu + \frac{1}{z^\nu}\right) + \cdots\right].$$

B_0 bestimmt sich aus $B_\nu = q^{\nu^2} \cdot B_0 = A_\nu + A_1 A_{\nu+1} + \cdots$. Denn hiernach ist, wenn zur Abkürzung $(1 - q^2)(1 - q^4) \cdots (1 - q^{2\nu}) = p_\nu$ gesetzt wird,

$$q^{\nu^2} \cdot B_0 = \frac{q^{\nu^2}}{p_\nu} + \frac{q \cdot q^{(\nu+1)^2}}{p_1 \cdot p_{\nu+1}} + \cdots,$$

also $|p_\nu B_0 - 1| \leqq \frac{|q|^{2\nu} + |q|^{4\nu} + |q|^{6\nu} + \cdots}{[(1-|q|^2)(1-|q|^4)\ldots]^2} \leqq c \cdot |q|^{2\nu}$,

wenn c eine geeignete positive Zahl bedeutet. Also strebt $p_\nu B_0 \to 1$, d. h. es ist $B_0 = \prod_{\nu=1}^{\infty} \frac{1}{1-q^{2\nu}}$. Hiernach ist nun

$$\prod_{n=1}^{\infty}(1-q^{2n}) \cdot \prod_{n=1}^{\infty}(1+q^{2n-1}z) \prod_{n=1}^{\infty}\left(1+\frac{q^{2n-1}}{z}\right)$$

$$= 1 + \sum_{\nu=1}^{\infty} q^{\nu^2}\left(z^\nu + \frac{1}{z^\nu}\right)$$

die gesuchte Entwicklung

e) Ersetzt man z in d) durch $-z^{\frac{1}{2}}$ und gleichzeitig q durch $z^{\frac{3}{2}}$, so ist für $|z| < 1$ die linke Seite

$$= \prod_{n=1}^{\infty}(1-z^{3n}) \cdot \prod_{n=1}^{\infty}(1-z^{3n-1}) \cdot \prod_{n=1}^{\infty}(1-z^{3n-2}).$$

Daher ist

$$\prod_{n=1}^{\infty}(1-z^n) = 1 + \sum_{\nu=1}^{\infty}(-1)^\nu\left(z^{\frac{3\nu^2-\nu}{2}} + z^{\frac{3\nu^2+\nu}{2}}\right)$$

$$= 1 - z - z^2 + z^5 + z^7 - z^{12} - z^{15} + + - - \cdots.$$

(Euler-Legendrescher Pentagonalzahlsatz.)

10. a) Setzt man in $\frac{\sin \pi z}{\pi z} = \prod\left(1 - \frac{z^2}{n^2}\right)$ erst $z = \frac{1}{2}$, dann $z = \frac{1}{4}$ und dividiert das zweite durch das erste, so hat man wegen $\prod\left(1 - \frac{1}{(2n)^2}\right) = \prod\left(1 - \frac{1}{(4k-2)^2}\right)\left(1 - \frac{1}{(4k)^2}\right)$ unmittelbar die Behauptung.

b) Analog für $z = \frac{1}{6}$ und $z = \frac{1}{3}$.

11. a) $$e^z - 1 = 2i \cdot e^{\frac{z}{2}} \cdot \frac{e^{i\frac{z}{2i}} - e^{-i\frac{z}{2i}}}{2i} = 2ie^{\frac{z}{2}} \cdot \sin\frac{z}{2i}$$

$$= e^{\frac{z}{2}} \cdot z \cdot \prod_{n=1}^{\infty}\left(1 + \frac{z^2}{4\pi^2 n^2}\right).$$

b) Wegen a) darf $z_0 \neq 2k\pi i$, $k = 0, \pm 1, \ldots$, angenommen werden. Dann ist zunächst nach a)

$$e^z - e^{z_0} = e^{z_0}(e^{z-z_0} - 1)$$

$$= z_0 \cdot e^{z_0} \cdot e^{\frac{z-z_0}{2}}\left(1 - \frac{z}{z_0}\right)\prod_{n=1}^{\infty}\left(1 + \frac{(z-z_0)^2}{4n^2\pi^2}\right)$$

eine Produktdarstellung der gegebenen Funktion, die das vom Weierstraßschen Produkt Geforderte leistet. Es hat aber nicht genau die Form eines Weierstraßschen Produktes (s. K II, § 2, S. 22). Um sie zu gewinnen, hat man das Produkt in der letzten Formel noch folgendermaßen umzuformen:

$$\Pi = \prod_{n=1}^{\infty}\left\{\left(1 + \frac{z-z_0}{2n\pi i}\right)\left(1 - \frac{z-z_0}{2n\pi i}\right)\right\}$$

$$= \prod_{n=1}^{\infty}\left\{\left(1 + \frac{z_0}{2n\pi i}\right)\left(1 - \frac{z_0}{2n\pi i}\right)\right\}\cdot$$

$$\prod_{n=1}^{\infty}\left\{\left(1 - \frac{z}{z_0 + 2n\pi i}\right)\left(1 - \frac{z}{z_0 - 2n\pi i}\right)\right\}.$$

Will man die geschweiften Klammern fortlassen, so hat man noch die konvergenzerzeugenden Faktoren hinzuzufügen.

c) $$\cos\pi z = \frac{\sin 2\pi z}{2\sin\pi z} = \prod_{n=1}^{\infty}\left(1 - \frac{4z^2}{(2n-1)^2}\right).$$

d) und e) sind wegen

$$\sin \pi z - \sin \pi z_0 = 2 \cos \pi \frac{z + z_0}{2} \sin \pi \frac{z - z_0}{2} \text{ und}$$

$$\cos \pi z - \cos \pi z_0 = -2 \sin \pi \frac{z + z_0}{2} \sin \pi \frac{z - z_0}{2}$$

nach c) sofort hinzuschreiben:

$$\sin \pi z - \sin \pi z_0 = \pi (z - z_0) \prod_{n=1}^{\infty} \left(1 - \frac{(z + z_0)^2}{(2n-1)^2}\right) \left(1 - \frac{(z - z_0)^2}{(2n)^2}\right)$$

$$\cos \pi z - \cos \pi z_0 = -\frac{1}{2} \pi^2 (z^2 - z_0^2) \prod_{n=1}^{\infty} \left(1 - \frac{(z + z_0)^2}{4n^2}\right) \left(1 - \frac{(z - z_0)^2}{4n^2}\right);$$

doch gilt auch hier das bei b) über die Form des Produktes Gesagte.

12. Bei geeigneter Wahl der k_ν leistet das in K II, § 2, S. 22, hingeschriebene Produkt wieder das Verlangte. Und zwar genügt es, die k_ν so zu wählen, daß die Reihe (3) auf K II, S. 21, jetzt wenigstens für alle $|z| < 1$ konvergiert. Das ist z. B. für $k_\nu = \nu + \alpha_\nu$ der Fall. Denn ist z fest mit $|z| = \varrho < 1$ und ist $\varrho < \varrho_1 < 1$, so ist für alle hinreichend großen ν offenbar $\left|\alpha_\nu \left(\frac{z}{z_\nu}\right)^{k_\nu}\right| \leqq \alpha_\nu \varrho_1^{\alpha_\nu} \cdot \varrho_1^\nu$. Wegen $n \varrho_1^n \to 0$ ist dies $< K \cdot \varrho_1^\nu$, wenn K eine Schranke der Folge $n \varrho_1^n$ bedeutet.

Der Beweis der Behauptung verläuft nun genau wie K II, § 2, 2. Es ist die gleichmäßige Konvergenz der dortigen Reihe (4) in $|z| \leqq \varrho < 1$, ϱ fest, zu zeigen. Geringe Änderungen der Abschätzungen in K II, § 2, 2 — in (5) ist ϱ_1 statt $\frac{1}{2}$ zu setzen — lehren, daß jetzt, wenn K_1 eine passende positive Zahl bedeutet, für alle $|z| \leqq \varrho$ und alle hinreichend großen ν

$$|f_\nu(z)| \leqq K_1 \cdot \alpha_\nu \left|\frac{\varrho}{z_\nu}\right|^{k_\nu}$$

ist, womit alles bewiesen ist.

13. Man hat die z_n nur so zu wählen, daß sie sich längs des ganzen Randes des Einheitskreises häufen. Das kann z. B. so geschehen, daß man auf der Peripherie des Kreises mit $\left(1-\frac{1}{k}\right)$ um 0 die Ecken eines einbeschriebenen regulären k-Ecks markiert ($k = 3, 4, \ldots$) und diese Punkte zur Folge $z_1, z_2, \ldots$ anordnet.

§ 10. Ganze Funktionen.

1. Nach § 7, Aufg. 11, aber auch schon nach dem Casorati-Weierstraßschen Satze selbst, kann die Funktion nur eine ganze rationale Funktion sein. Nach dem Fundamentalsatz der Algebra muß sie vom ersten Grade sein.

2. Ist $w = g(z)$ ganz und die inverse Funktion $z = g_1(w)$ wieder ganz, so nimmt $g(z)$ jeden Wert ein- und nur einmal an; also ist $g(z)$ nach Aufg. 1 linear.

3. Die Funktion $g_1(z)$ ist wieder eine ganze Funktion, speziell $g_1(z_0) = g'(z_0)$. Wäre nun stets $|g(z)| < K$, so wäre für $|z - z_0| = R$ stets $|g_1(z)| < \frac{2K}{R}$. Nach K I, § 20, Satz 5, gilt dies auch für alle $|z - z_0| < R$, speziell in z_0. Also ist $|g'(z_0)| < \frac{2K}{R}$, also, da R beliebig groß sein darf, $g'(z_0) = 0$. Da z_0 beliebig war, ist $g(z)$ konstant.

4. Ja! Beispiel: $g(z) = e^z + z$. Ist nämlich in $z = re^{i\varphi}$ zunächst $|\varphi| < \frac{\pi}{2}$, so ist $|g(z)| \geqq e^{r\cos\varphi} - r$, was bei festem φ mit r gegen $+\infty$ wächst. Ist aber $+\frac{\pi}{2} \leqq \varphi \leqq \frac{3\pi}{2}$, so bleibt e^z beschränkt und $|g(z)| \geqq r - e^{r\cos\varphi}$ strebt wieder mit r gegen $+\infty$.

5. Da $f^{(n)}(z_0) \to 0$ strebt, ist die Entwicklung

$$f(z) = \sum_{n=0}^{\infty} \frac{f^{(n)}(z_0)}{n!} (z - z_0)^n$$

beständig konvergent, also $f(z)$ ganz. Ist dann $\varepsilon > 0$ beliebig und k_0 so gewählt, daß $| f^{(k+1)}(z_0) + \cdots + f^{(k+p)}(z_0) | < \varepsilon$ ist für $k > k_0$, $p \geqq 1$, so ist für irgendein z_1

$$| f^{(k+1)}(z_1) + \cdots + f^{(k+p)}(z_1) |$$

$$= \left| \sum_{n=0}^{\infty} \frac{f^{(n+k+1)}(z_0) + \cdots + f^{(n+k+p)}(z_0)}{n!} (z_1 - z_0)^n \right|,$$

also $< \varepsilon \cdot e^{|z_1 - z_0|}$ für $k > k_0$, $p \geqq 1$. Also konvergiert $\sum_{n=0}^{\infty} f^{(n)}(z_1)$.

6. Es sei $W(z)$ die nach dem Weierstraßschen Produktsatz zu konstruierende Funktion, die in den z_ν je eine Nullstelle erster Ordnung hat. Dann ist $W'(z_\nu) \neq 0$. Es sei $M(z)$ die nach dem Mittag-Lefflerschen Satz zu bildende Funktion, die in den z_ν Pole erster Ordnung mit dem Residuum $w_\nu : W'(z_\nu)$ hat. Dann ist $g(z) = W(z)\ M(z)$ offenbar eine ganze Funktion, die das Verlangte leistet.

7. Man wähle die reellen rationalen Zahlen a_ν der Reihe nach so, daß 1) $| a_0 - \beta | < 1$, 2) $| a_0 + a_1 \alpha - \beta | < 1, \ldots,$ n) $| a_0 + a_1\alpha + \cdots + a_{n-1}\alpha^{n-1} - \beta | < \frac{1}{(n-1)!}, \ldots$.

Dann ist jedenfalls $a_0 + a_1\alpha + a_2\alpha^2 + \cdots = \beta$. Ferner ist

$$| a_n \alpha^n | < \frac{1}{n!} + \frac{1}{(n-1)!} = \frac{n+1}{n!},$$

woraus hervorgeht, daß $\sum a_n z^n$ beständig konvergiert.

8. Da man in beliebiger Nähe einer komplexen Zahl stets eine rationale komplexe Zahl angeben kann, so bleibt der vorige Beweis unverändert gültig.

9. Ist $r' > r$, so kann das Maximum von $|g(z)|$ in $|z| \leqq r'$ nicht kleiner sein als in $|z| \leqq r$. Also wächst $M(r)$ monoton. Ist nun $R > r$, so ist $g(z)$ in $|z| \leqq R$ gleichmäßig stetig. Ist also $\varepsilon > 0$ gegeben, so kann man $\delta > 0$ so klein wählen, daß für alle r' in $r - \delta < r' < r + \delta$ die Differenz $|g(z') - g(z)| < \varepsilon$ ist, wenn $|z| = r$, $|z'| = r'$ und $\operatorname{arc} z = \operatorname{arc} z'$ ist. Daher ist für diese r' auch $M(r) - \varepsilon < M(r') < M(r) + \varepsilon$. $M(r)$ ist also stetig.

10. Kann man in $g(z) = \sum_{n=0}^{\infty} a_n z^n$ auf $|z| = r$ den Punkt $z = z_0$ so wählen, daß alle Glieder $a_n z_0^n$ denselben arc haben (soweit sie $\neq 0$ sind), so ist für dies r offenbar $M(r) = |g(z_0)|$. Daher ist

a) für e^z: $M(r) = e^r$; b) für $\sin z$: $M(r) = \frac{1}{2}(e^r - e^{-r})$;

c) für $\cos z$: $M(r) = \frac{1}{2}(e^r + e^{-r})$;

d) für $\dfrac{\sin\sqrt{z}}{\sqrt{z}} = 1 - \dfrac{z}{3!} + \dfrac{z^2}{5!} - + \cdots$: $M(r) = \dfrac{1}{2\sqrt{r}}(e^{\sqrt{r}} - e^{-\sqrt{r}})$.

11. Es genügt das Beispiel $f(z) = z^2 + 2iz + 1$. Für $z = r(\cos\varphi + i\sin\varphi)$ wird

$$|f(z)|^2 = r^4 + 4r^2 + 1 + 2r^2\cos 2\varphi - 4r(1 - r^2)\sin\varphi.$$

Bei festem r in $0 < r \leqq \sqrt{2} - 1$ wird diese Funktion von φ zu einem Maximum für $\varphi = -\frac{\pi}{2}$, dagegen für

$\sin\varphi = -\dfrac{1-r^2}{2r}$ in $\sqrt{2} - 1 \leqq r \leqq 1$. Daher ist

$$M(r) = \begin{cases} 1 + 2r - r^2 & \text{für } \quad 0 \leqq r \leqq \sqrt{2} - 1, \\ (1 + r^2)\sqrt{2} & \text{für } \sqrt{2} - 1 \leqq r \leqq 1. \end{cases}$$

Diese Funktion ist an der Stelle $r = \sqrt{2} - 1$ zwar stetig, aber nicht analytisch, da sie dort zwar eine erste, aber keine zweite Ableitung besitzt.

§ 11. Teilbruchreihen. Mittag-Lefflerscher Satz.

1. a) Aus der ctg-Entwicklung (K II, § 6, 1. Beispl.) folgt, da

$$\pi \operatorname{tg} \frac{\pi z}{2} = \pi \operatorname{ctg} \frac{\pi z}{2} - 2\pi \operatorname{ctg} \pi z$$

ist, sofort die gesuchte Entwicklung

$$\pi \operatorname{tg} \frac{\pi z}{2} = \sum_{k=0}^{\infty} \frac{4z}{(2k+1)^2 - z^2}, \quad z \neq \pm 1, \pm 3, \ldots$$

Diese Formel gilt zunächst nur für $z \neq 0, \pm 1, \pm 2, \pm 3, \ldots$; doch prüft man nachträglich direkt, daß sie für $z = 0, \pm 2, \pm 4, \ldots$ noch gültig ist.

b) Wegen $\frac{1}{\sin z} = \operatorname{ctg} z + \operatorname{tg} \frac{z}{2}$ hat man

$$\frac{\pi}{\sin \pi z} = \frac{1}{z} + \sum_{k=1}^{\infty} (-1)^{k-1} \frac{2z}{k^2 - z^2}.$$

c) Nach *b*) hat man, indem $\frac{2z}{k^2 - z^2} = \frac{1}{k-z} - \frac{1}{k+z}$ und hierauf z durch $\frac{1}{2} - z$ ersetzt wird,

$$\frac{\pi}{\cos \pi z} = \frac{2}{1-2z} + \left(\frac{2}{1+2z} - \frac{2}{3-2z}\right) - \left(\frac{2}{3+2z} - \frac{2}{5-2z}\right) + - \cdots.$$

Hier darf man die runden Klammern fortlassen und je zwei Glieder gleichen Vorzeichens zusammenfassen (warum?); dies liefert

$$\frac{\pi}{\cos \pi z} = \frac{4 \cdot 1}{1^2 - 4z^2} - \frac{4 \cdot 3}{3^2 - 4z^2} + \frac{4 \cdot 5}{5^2 - 4z^2} - + \cdots.$$

d) Es ist $\frac{1}{e^z - 1} = -\frac{1}{2} + \frac{i}{2} \operatorname{ctg} \frac{iz}{2}$, also

$$= -\frac{1}{2} + \frac{1}{z} + \sum_{k=1}^{\infty} \frac{2z}{z^2 + 4\pi^2 k^2}.$$

e) Wegen $\cos \pi z - \sin \pi z = \sqrt{2} \cdot \sin \pi (\frac{1}{4} - z)$ erhält man nach b)

$$\frac{\pi}{\cos \pi z - \sin \pi z} = \frac{1}{\sqrt{2}} \left\{ \frac{1}{\frac{1}{4} - z} + \sum_{k=1}^{\infty} (-1)^{k-1} \frac{2(\frac{1}{4} - z)}{k^2 - (\frac{1}{4} - z)^2} \right\}.$$

2. Es wird $M_0(z) = \frac{\alpha_0}{z} + \sum_{\nu=1}^{\infty} \left[\frac{\alpha_\nu}{z - z_\nu} - g_\nu(z) \right]$, wenn $-g_\nu(z)$ ein geeignet langes Anfangsstück der Reihe $\alpha_\nu \sum_{n=0}^{\infty} \frac{z^n}{z_\nu^{n+1}}$ bedeutet. Ist nun $R > 0$ fest gewählt, so läßt sich nach K II, S. 40, m so bestimmen, daß die Glieder jener Reihe für $\nu > m$ in $|z| \leqq R$ regulär sind und daß die bei $\nu = m + 1$ begonnene Reihe dort gleichmäßig konvergiert. Daher darf man gliedweis integrieren (etwa geradlinig von 0 bis z) und in den Exponenten von e setzen. Nach Anfügung der Anfangsglieder folgt somit, daß das Produkt

$$z^{\alpha_0} \cdot \prod_{\nu=1}^{\infty} \left[\left(1 - \frac{z}{z_\nu}\right) e^{G_\nu(z)} \right]^{\alpha_\nu},$$

bei dem $G_\nu(z)$ die Form $\frac{z}{z_\nu} + \frac{1}{2}\left(\frac{z}{z_\nu}\right)^2 + \cdots + \frac{1}{n_\nu}\left(\frac{z}{z_\nu}\right)^{n_\nu}$ hat, eine ganze Funktion mit den im Weierstraßschen Satz verlangten Eigenschaften darstellt.

3. An Satz und Beweis ändert sich nicht das geringste, wenn die Punkte z_ν nicht Pole, sondern (sämtlich oder teilweis) auch wesentlich singuläre Stellen sein dürfen.

4. Wird auch nur an einer einzigen Stelle z_ν neben dem absteigenden Ast auch der ganze aufsteigende Ast vorgeschrieben, so ist damit die Funktion selbst vollständig gegeben, die bei z_ν diese Entwicklung besitzt. Man kann ihr also keine weiteren Bedingungen auferlegen. Dagegen darf an jeder Stelle z_ν ein (beliebig langes) Anfangsstück des aufsteigenden Astes vorgeschrieben werden. Es sei also für $\nu = 0, 1, 2, \ldots$

$$H_\nu(z) = \sum_{n=-\infty}^{\beta_\nu} a_n^{(\nu)}(z - z_\nu)^n,$$

wobei $\beta_0, \beta_1, \ldots$ irgendwelche nicht negative ganze Zahlen bedeuten. Dann gibt es eine eindeutige Funktion $F(z)$, die in der ganzen Ebene bis auf die Stellen z_ν regulär ist und die in jedem der Punkte z_ν sich so verhält, daß $F(z) - H_\nu(z)$ dort regulär ist und eine Nullstelle von mindestens $(\beta_\nu + 1)^{\text{ter}}$ Ordnung besitzt. Der Beweis läßt sich durch Fortführung des Gedankens aus § 10, Aufg. 6, sofort erbringen. Es sei $W(z)$ eine ganze Funktion, die in den z_ν je eine Nullstelle $(\beta_\nu + 1)^{\text{ter}}$ Ordnung hat, sonst $\neq 0$ ist. Es sei $h_\nu(z)$ der Hauptteil der Laurent-Entwicklung von $H_\nu(z) : W(z)$ an der Stelle z_ν. Jetzt bilde man eine Funktion $M(z)$, die in den z_ν die Hauptteile $h_\nu(z)$ hat, sonst eindeutig und regulär ist. Dann leistet $F(z) = W(z) \cdot M(z)$ das Verlangte, denn in der Umgebung von z_ν ist

$$M(z) = \frac{H_\nu(z)}{W(z)} + f_\nu(z), \quad (f_\nu(z) \text{ regulät in } z_\nu).$$

Also hat $W(z) \cdot M(z) - H_\nu(z) = W(z) \cdot f_\nu(z)$ in z_ν eine Nullstelle von mindestens $(\beta_\nu + 1)^{\text{ter}}$ Ordnung.

5. Der Beweis ist ganz analog wie in K II, § 5. Die Entwicklung $h_\nu(z) = a_0^{(\nu)} + a_1^{(\nu)} z + \cdots$, $(\nu = 1, 2, \ldots)$, ist jetzt für $|z| \leqq |z_\nu|^2$ gleichmäßig konvergent und $g_\nu(z)$ kann so gewählt werden, daß $|h_\nu(z) - g_\nu(z)| < \frac{1}{2^\nu}$ für $|z| \leqq |z_\nu|^2$.

Dann leistet $M_0(z) = h_0(z) + \sum_{\nu=1}^{\infty} [h_\nu(z) - g_\nu(z)]$ wieder das Verlangte. Denn ist ϱ in $0 < \varrho < 1$ gegeben, so kann man m so wählen, daß $|z_\nu|^2 > \varrho$ für $\nu > m$. Daher hat $\sum_{\nu=m+1}^{\infty} [h_\nu(z) - g_\nu(z)]$ Glieder, die in $|z| \leqq \varrho$ regulär sind, und ist in $|z| \leqq \varrho$ gleichmäßig konvergent, stellt also eine dort reguläre Funktion dar. Daher hat $M_0(z)$ in $|z| < \varrho$, also, da ϱ beliebig war, in $|z| < 1$ die verlangten Eigenschaften.

6. Der Beweis beruht auf denselben Gedanken wie der zur vorigen Aufgabe gegebene. Wir führen ihn nur für den Fall durch, daß ∞ weder zu $\mathfrak{M}$ noch zu $\mathfrak{M}'$ gehört. Um jeden Punkt z_ν legen wir den kleinsten Kreis — sein Radius heiße ϱ_ν —, der auf dem Rande mindestens einen Punkt z'_ν von $\mathfrak{M}'$, aber im Innern keinen Punkt von $\mathfrak{M}'$ enthält. Da $\mathfrak{M}'$ abgeschlossen ist (warum?), ist ein solcher Kreis stets vorhanden und es strebt $\varrho_\nu \to 0$. Die Entwicklung von $h_\nu(z)$ für das Außengebiet $|z - z'_\nu| > \varrho_\nu$ sei $h_\nu(z) = b_0^{(\nu)} + \dfrac{b_1^{(\nu)}}{z - z'_\nu} + \cdots$. Da sie für $|z - z'_\nu| \geqq 2\varrho_\nu$ gleichmäßig konvergiert, können wir einen so langen Anfang der Reihe (er werde wieder mit $g_\nu(z)$ bezeichnet) wählen, daß $|h_\nu - g_\nu| < \dfrac{1}{2^\nu}$ bleibt für $|z - z'_\nu| \geqq 2\varrho_\nu$. Dann leistet

$$F(z) = \sum_{\nu=1}^{\infty} [h_\nu(z) - g_\nu(z)]$$

das Verlangte. Denn ist $\overline{\mathfrak{G}}$ ein abgeschlossenes Gebiet, das einschließlich seines Randes keinen Punkt von $\mathfrak{M}'$ enthält, so ist die kleinste Entfernung eines Punktes von $\overline{\mathfrak{G}}$ und eines Punktes von $\mathfrak{M}'$ noch positiv. Sie heiße p. Wir wählen nun m so groß, daß $\varrho_\nu < \frac{1}{2}p$ ist für $\nu > m$. Dann sind die Glieder der Reihe $F_m(z) = \sum\limits_{\nu=m+1}^{\infty} (h_\nu - g_\nu)$ in $\overline{\mathfrak{G}}$ regulär und ihrem Betrage nach $< 1:2^\nu$. Also ist F_m in $\overline{\mathfrak{G}}$ regulär und F leistet in $\overline{\mathfrak{G}}$ das Verlangte. Da nun $\overline{\mathfrak{G}}$ beliebig war, so genügt F den Bedingungen der Aufgabe.

Zusatz: Gehört ∞ zu $\mathfrak{M}$ oder $\mathfrak{M}'$, so hat man einen Punkt ζ einzuführen, der weder zu $\mathfrak{M}$ noch zu $\mathfrak{M}'$ gehört, und die $h_\nu(z)$ nach Potenzen von $\left(\frac{z-\zeta}{z-z_\nu'}\right)$ zu entwickeln.

7. Der Satz wird lauten: Ist $\mathfrak{M}$ eine beliebige isolierte Punktmenge, deren Punkte $z_1, z_2, \ldots$ sind, ist $\mathfrak{M}'$ die Menge der Häufungspunkte und ist jedem z_ν eine natürliche Zahl α_ν zugeordnet, so kann man ein unendliches Produkt aufstellen, das in jedem abgeschlossenen Gebiete $\overline{\mathfrak{G}}$, das keinen Punkt von $\mathfrak{M}'$ enthält, gleichmäßig konvergiert und dort eine reguläre Funktion darstellt, die in den zu $\overline{\mathfrak{G}}$ gehörigen Punkten z_ν je eine Nullstelle der Ordnung α_ν hat, sonst in $\overline{\mathfrak{G}}$ aber $\neq 0$ ist. — Der Beweis ergibt sich, genau wie bei Aufg. 2, indem man den Satz der vorigen Aufgabe mit $h_\nu(z) = \frac{\alpha_\nu}{z - z_\nu}$ heranzieht und das von einem festen Punkt z_0 in $\overline{\mathfrak{G}}$ bis z genommene Integral der konstruierten Funktion in den Exponenten von e setzt. Man erhält

$$W(z) = \prod_{\nu=1}^{\infty} \left[\left(1 - \frac{z_\nu - z_\nu'}{z - z_\nu}\right) e^{G_\nu(z)}\right]^{\alpha_\nu}.$$

wobei $G_\nu(z)$ die Form

$$\left(\frac{z_\nu - z_\nu'}{z - z_\nu}\right) + \frac{1}{2}\left(\frac{z_\nu - z_\nu'}{z - z_\nu}\right)^2 + \cdots + \frac{1}{n_\nu}\left(\frac{z_\nu - z_\nu'}{z - z_\nu}\right)^{n_\nu}$$

hat.

8. Die Lösung ergibt sich unter Benutzung der in den beiden vorangehenden Aufgaben gegebenen Verallgemeinerungen des Weierstraßschen Produktsatzes und des Mittag-Lefflerschen Teilbruchsatzes genau wie die von § 10, Aufg. 6.

9. Die Lösung ergibt sich unter Benutzung der in den Aufg. 6 und 7 gegebenen Verallgemeinerungen des Weierstraßschen Produktsatzes und des Mittag-Lefflerschen Teilbruchsatzes genau wie die der Aufg. 4.

§ 12. Meromorphe Funktionen.

1. Wir zeigen zunächst, daß die Folge der Funktionen

$$\frac{1}{g_n(z)} = \bar{g}_n(z) = \frac{z(z+1)\cdots(z+n)}{n^z\ n!}, \quad n = 1, 2, \ldots,$$

für jedes $R > 0$ in $|z| \leqq R$ gleichmäßig konvergiert. In der Tat ist (s. K II, S. 33) $\bar{g}_n(z) = e^{\delta_n z} \cdot P_n(z)$, wenn

$$\left(1+\frac{1}{2}+\cdots+\frac{1}{n}-\log n\right)=\delta_n;\ z \prod_{\nu=1}^{n}\left[\left(1+\frac{z}{\nu}\right)e^{-\frac{z}{\nu}}\right] = P_n(z)$$

gesetzt wird. Nach K II, S. 16/18 und dem Beweis des Weierstraßschen Produktsatzes ist die Folge der $P_n(z)$ in $|z| \leqq R$ gleichmäßig konvergent. Wegen $\delta_n \to C$ gilt dies offenbar auch von der Folge $e^{\delta_n z}$. Daraus erschließt man leicht die Behauptung.

Doch fahren wir so fort: Nach dem Gesagten gibt es jedenfalls eine Konstante A, so daß für alle n und alle $|z| \leqq R$ stets $|\bar{g}_n(z)| < A$ bleibt. Dann ist aber für alle diese n und z (vgl. § 2, Aufg. 4)

$$|\bar{g}_{n+1}(z)-\bar{g}_n(z)| \leqq A \cdot \left|\left(1+\frac{z}{n+1}\right)\left(1-\frac{1}{n+1}\right)^z - 1\right| < \frac{B}{n^2},$$

wenn B eine geeignete neue Konstante bedeutet. Also ist $\sum_{n=1}^{\infty}(\bar{g}_{n+1}-\bar{g}_n)$, ja sogar $\sum_{n=1}^{\infty}|\bar{g}_{n+1}-\bar{g}_n|$ in $|z| \leqq R$ gleichmäßig konvergent. Also gilt das gleiche von $\lim\limits_{n\to\infty} \bar{g}_n(z)$.

Ist nun G ein Gebiet der in der Aufgabe genannten Art, so sind alle Glieder der Folge $\bar{g}_n(z)$ in G von 0 verschieden und ebenso der Grenzwert. Also gibt es eine positive Zahl α, so daß für alle z in G und alle n stets $\bar{g}_n(z) \geqq \alpha$ bleibt. Dann ist aber mit $\bar{g}_n(z)$ auch $\dfrac{1}{\bar{g}_n(z)} = g_n(z)$ in G gleichmäßig konvergent, wie aus der dort gültigen Abschätzung $|g_{n+k} - g_{n+1}| \leqq \frac{1}{\alpha^2} |\bar{g}_{n+k} - g_{n+1}|$ zu ersehen ist.

Die Abschätzung $|g_{n+1} - g_n| \leqq \frac{1}{\alpha^2} |\bar{g}_{n+1} - \bar{g}_n|$ lehrt zugleich, daß auch die Reihe $\sum_{n=1}^{\infty} |g_{n+1} - g_n|$ gleichmäßig in $\mathfrak{G}$ konvergiert.

2. Hat $g_n(z)$ die Bedeutung aus Aufg. 1, so handelt es sich um $\lim\limits_{n\to\infty} \frac{g_n(z_2)}{g_n(z_1)} \cdot n^{z_1 - z_2}$. Da $g_n(z)$ für jedes in Betracht kommende z einen endlichen und von 0 verschiedenen Grenzwert hat, ist dieser Limes dann und nur dann vorhanden, wenn $\Re(z_2) > \Re(z_1)$ ist. Er ist dann $= 0$.

3. Es sei $f(z)$ für ein bestimmtes $z \neq 0, -1, -2, \ldots$ konvergent. Dann ist, wenn $g_n(z)$ die Bedeutung aus Aufg. 1 hat,

$$\frac{n!\,a_n}{z(z+1)\cdots(z+n)} = \frac{a_n}{n^z} \cdot g_n(z).$$

Nach I, § 3, Aufg. 12 ist also auch die Reihe $F(z)$ konvergent. Denn die Bedingungen jener Aufgabe sind gewiß erfüllt, wenn die dortigen Reihen $\sum a_n$ und $\sum |b_n - b_{n+1}|$ konvergieren. Daß aber die letztere in unserm Falle (d. h. für $b_n = g_n(z)$) konvergiert, ist bei Aufg. 1 dieses Paragraphen gezeigt worden.

Das Umgekehrte folgt wegen $\frac{a_n}{n^z} = \frac{n!\,a_n}{z(z+1)\cdots(z+n)} \cdot \bar{g}_n(z)$ genau ebenso, da auch $\sum |\bar{g}_n - \bar{g}_{n+1}|$ als konvergent erwiesen ist.

4. Dies folgt genau ebenso, wie bei der vorigen Aufgabe, unter Heranziehung von I, § 9, Aufg. 4. Denn die beiden Reihen $\sum |g_{n+1}(z) - g_n(z)|$ und $\sum |\bar{g}_{n+1}(z) - \bar{g}_n(z)|$ sind

in jedem Gebiete der jetzt in Betracht kommenden Art nach Aufg. 1 gleichmäßig konvergent.

5. Dies folgt genau wie bei Aufg. 3, da aus der Konvergenz von $\sum |g_n - g_{n+1}|$ erst recht diejenige von $\sum \big||g_n| - |g_{n+1}|\big|$ folgt, — und analog für $\bar{g}_n$.

6. Hat $g_n(z)$ dieselbe Bedeutung wie in Aufg. 1, so handelt es sich um den Grenzwert von

$$\frac{g_n(z)}{g_{n+p_n}(z)} \cdot \left(1 + \frac{p_n}{n}\right)^z.$$

Da hier der erste Faktor $\to 1$ strebt (offenbar bei sinngemäßer Deutung auch für $z = 0, -1, -2, \ldots$), so ist der Grenzwert des ganzen Ausdrucks dann und nur dann $= 1$, wenn $p_n : n \to 0$ strebt.

7. Aus der Produktdarstellung von $1 : \Gamma(z) = K(z)$ in K II, § 3, 3 folgt durch logarithmische Differentiation

$$\frac{\Gamma'(z)}{\Gamma(z)} = -C - \frac{1}{z} + \sum_{\nu=1}^{\infty} \frac{z}{\nu(z+\nu)}.$$

Da nun (Figur!) für alle in Betracht kommenden z und ν
1) $|z| \geqq 2$, 2) $|z+\nu| \geqq |z+1|$, 3) $|z+\nu| \geqq \nu - 1$
ist, so folgt hieraus

$$\left|\frac{\Gamma'(z)}{\Gamma(z)}\right| \leqq 1 + \frac{1}{2} + |z| \cdot \sum_{\nu=1}^{[|z|]} \frac{1}{\nu \cdot |z+1|} + |z| \cdot \sum_{\nu=[|z|]+1}^{\infty} \frac{1}{\nu(\nu-1)}$$

$$< 2 + \frac{|z|}{|z+1|}(\log|z| + 1) + |z| \cdot \frac{1}{|z|-1} < A \cdot \log|z|.$$

8. Nach I, § 10, Aufg. 3a ist $b_n = \frac{1}{n!} \sum_{k=2}^{\infty} \frac{(\log k)^n}{k^2}$. Es handelt sich also um den Beweis der Beziehung

$$(*) \qquad \sum_{k=2}^{\infty} \frac{(\log k)^n}{k^2} \cong n!$$

Nun lehrt Differentiation, daß $\frac{(\log x)^n}{x^2}$ für $x = e^{\frac{n}{2}}$ ein Maximum erreicht, vorher monoton steigt, dann monoton fällt. Das Maximum selbst ist $= \frac{1}{2^n}\left(\frac{n}{e}\right)^n$, was wegen $n^n e^{-n} < n!$[1], $< \frac{1}{2^n} n!$ ist. Setzen wir nun $\left[e^{\frac{n}{2}}\right] + 1 = m$, so ist zunächst für $k \geqq m$

$$\frac{\log^n(k+1)}{(k+1)^2} < \int_k^{k+1} \frac{\log^n x}{x^2}\, dx < \frac{\log^n k}{k^2}.$$

Schreibt man dies für $k = m, m+1, \ldots$ an und addiert, so folgt, wenn wir die Summe unserer Reihe in (*) mit S_n bezeichnen

$$S_n - A_m < \int_1^\infty \frac{\log^n x}{x^2}\, dx - J_m < S_n - A_{m-1};$$

hierbei soll A_p die p^{te} Teilsumme unserer Reihe und J_m das Integral von 1 bis m bedeuten. Nun ist $(x = e^t)$ $\int_1^\infty \frac{\log^n x}{x^2}\, dx = n!$ und folglich

$$\frac{J_m - A_m}{n!} < 1 - \frac{1}{n!} S_n < \frac{J_m - A_{m-1}}{n!}.$$

Hier ist aber wegen des oben berechneten Maximums die linke wie die rechte Seite ihrem Betrage nach

$$< \frac{2}{n!} \cdot \frac{n!}{2^n} \cdot \left(e^{\frac{n}{2}} + 1\right) < 4\left(\frac{\sqrt{e}}{2}\right)^n.$$

Da dies $\to 0$ strebt, ist unsere Behauptung $S_n : n! \to 1$ bewiesen. Sie lehrt, daß $+1$ eine singuläre Stelle der

[1] Dies ergibt sich, indem man die bekannten Ungleichungen $\left(1 + \frac{1}{\nu}\right)^\nu < e$ für $\nu = 1, 2, \ldots, n$ mit einander multipliziert.

ζ-Funktion ist. Unsere Abschätzung lehrt aber weiter, daß $\zeta(z)-\sum_{n=0}^{\infty}(-1)^n(z-2)^n=\zeta(z)-\frac{1}{z-1}$ mindestens im Kreise $|z-2|<\frac{2}{\sqrt{e}}$ regulär ist, daß also $\zeta(z)$ in $+1$ nur einen Pol erster Ordnung mit dem Residuum $+1$ besitzt.

Vgl. hierzu die Bemerkung am Schluß der Lösung der nächsten Aufgabe.

9. Macht man eine analoge Abschätzung derjenigen Glieder der Reihe in (*), s. vorige Aufgabe, für die $k\leqq m$ ist, wie wir sie eben für die Glieder mit $k\geqq m$ durchgeführt haben, so findet man genauer, daß S_n und das Integral $\int_1^\infty \frac{\log^n x}{x^2}\,dx=n!$ sich um weniger als 2 Glieder der Reihe unterscheiden, d. h. daß

$$|S_n-n!|<2\frac{n!}{2^n},\quad \left|\frac{1}{n!}S_n-1\right|<\frac{2}{2^n}$$

ist. Dies lehrt, daß $\zeta(z)$, von dem festgestellten Pol abgesehen, sogar in $|z-2|<2$ regulär ist.

Die Summe der Reihe in (*) bei der Lösung der vorigen Aufgabe läßt sich übrigens mit Hilfe der sogen. Eulerschen Summenformel noch wesentlich genauer abschätzen und dadurch kann in etwas anderer Weise als in K II, § 6, Beispiel 4, direkt gezeigt werden, daß $\zeta(z)-\frac{1}{z-1}$ eine ganze Funktion ist.

IV. Kapitel.

Periodische Funktionen.

§ 13. Einfach-periodische Funktionen.

1. Denn sonst hätte sie auch alle Zahlen $n+n'\sqrt{2}$ zu Perioden ($n, n'=0, \pm 1, \pm 2, \ldots$). Diese Zahlen liegen

aber auf der reellen Achse überall dicht, d. h. jeder dortige Punkt ist Häufungspunkt der genannten Zahlen. Nach K II, § 7, Satz 2 kann das nicht eintreten.

2. Eine periodische Funktion nimmt jeden Wert, den sie überhaupt annimmt, unendlich oft an, eine rationale Funktion dagegen nicht.

Vorbemerkung zu den Lösungen 3 bis 7: Die Aufgaben 3 bis 7 erledigen sich sehr einfach durch die Bemerkung, daß bei der K II, S. 62 ff. durchgeführten Transformation der Funktionen $f(z)$ in die rationalen Funktionen $\varphi(\zeta)$ dem „oberen Ende" des Periodenstreifens vermöge $\zeta = e^{2\pi i z}$ offenbar eine Annäherung an $\zeta = 0$ und dem „unteren Ende" ebenso eine Annäherung an $\zeta = \infty$ entspricht.

3. (Vgl. die Vorbemerkung.) Ist $f(z)$ im Streifen eindeutig und regulär, so ist $\varphi(\zeta)$ in der ganzen Ebene, außer etwa in 0 und ∞, eindeutig und regulär. Soll $\varphi(\zeta)$ überdies bei Annäherung an 0 und an ∞ beschränkt bleiben, so wäre $\varphi(\zeta)$ nach dem Riemannschen Satz, K I, § 32, Satz 3, auch in 0 und ∞ regulär. Eine nichtkonstante Funktion kann aber nicht in der ganzen Ebene einschließlich ∞ regulär sein.

4. (Vgl. die Vorbemerkung zu Aufg. 3 und die Lösung von Aufg. 3.) Bleibt $\varphi(\zeta)$ bei $\zeta \to 0$ beschränkt, so ist $\varphi(\zeta)$ nach dem Riemannschen Satz in $\zeta = 0$ regulär, also $\lim \varphi(\zeta)$ für $\zeta \to 0$ vorhanden. Also hat $f(z)$ einen Grenzwert, wenn z sich gegen das obere Ende des Streifens bewegt. Analog für das untere Ende. Als Ordnung, mit der dabei $f(z)$ den Wert a annimmt, wird man die Ordnung der Nullstelle von $\varphi(\zeta) - a$ in 0 bzw. ∞ ansehen.

5. (Vgl. die Vorbemerkung zu Aufg. 3 und die vorangehenden Lösungen.) Bleibt $\varphi(\zeta)$ bei $\zeta \to 0$ nicht beschränkt, so muß $\varphi(\zeta)$, da es eine rationale Funktion ist, bestimmt unendlich werden (d. h. $|\varphi(\zeta)| > G$ für $|\zeta| < \delta$) und also einen Pol in $\zeta = 0$ besitzen. Die Ordnung dieses Poles

wird man als Ordnung des am oberen Ende des Streifens gelegenen Poles von $f(z)$ ansehen. Analog für das untere Ende.

6. (Vgl. die Vorbemerkung zu Aufg. 3 und die vorangehenden Lösungen.) Denn eine rationale Funktion nimmt jeden Wert (einschließlich ∞) gleich oft an, wofern man eine a-Stelle der Ordnung α wie üblich α-mal als a-Stelle zählt. (Ein Pol gilt hierbei als ∞-Stelle.)

7. (Vgl. die Vorbemerkung zu Aufg. 3 und die vorangehenden Lösungen.) Denn $\varphi(\zeta)$ soll eine rationale Funktion sein (s. K I, § 35, Satz 1 und 2).

§ 14. Doppelt-periodische Funktionen.

1. Alle Perioden haben die Form $n\omega + n'\omega'$. Damit nun zwei Perioden, etwa $\widetilde{\omega} = k\omega + k'\omega'$ und $\widetilde{\omega}' = l\omega + l'\omega'$ wieder ein primitives Paar bilden ($k, l, n, k', \ldots$ bedeuten hier reelle ganze Zahlen), ist es notwendig und hinreichend, daß sich alle Perioden auch in der Form $n\widetilde{\omega} + n'\widetilde{\omega}'$ darstellen lassen. Aus der Definition von $\widetilde{\omega}$ und $\widetilde{\omega}'$ folgt nun

$$\omega = \frac{1}{kl' - k'l}(l'\widetilde{\omega} - k'\widetilde{\omega}'), \quad \omega' = \frac{1}{kl' - k'l}(-l\widetilde{\omega} + k\widetilde{\omega}').$$

Damit die Vorzahlen von $\widetilde{\omega}$ und $\widetilde{\omega}'$ wieder ganze Zahlen sind, muß $kl' - k'l = \delta$ ein Teiler von k, k', l, l', also δ^2 ein Teiler von δ, δ selbst ein Teiler von 1, also $\delta = \pm 1$ sein. Dies reicht auch hin; denn, wenn $\delta = \pm 1$, lassen sich ω und ω' und folglich überhaupt alle Perioden in der Form $n\widetilde{\omega} + n'\widetilde{\omega}'$ darstellen. Man erhält also alle primitiven Periodenpaare $\widetilde{\omega}, \widetilde{\omega}'$, wenn k, k', l, l' alle ganzen Zahlen durchlaufen, für die $kl' - k'l = \pm 1$ ist (geom. Bedeutung?).

2. Die gesuchte Differenz ist (vgl. Aufg. 5 in § 8 und den Beweis zu K II, § 9, Satz 4) gleich dem über den Rand eines geeigneten Periodenparallelogramms erstreckten Integral

$$\frac{1}{2\pi i}\int z\frac{f'(z)}{f(z)}dz = \frac{1}{2\pi i}\cdot\left\{\int\limits_a^{a+\omega} + \int\limits_{a+\omega}^{a+\omega+\omega'} + \int\limits_{a+\omega+\omega'}^{a+\omega'} + \int\limits_{a+\omega'}^{a}\right\}.$$

Führt man im dritten Integral $z' = z - \omega'$ als neue Variable ein, so ist es mit dem ersten zusammen

$$= -\omega' \int\limits_a^{a+\omega} \frac{f'(z)}{f(z)}\, dz = -\omega' \cdot [\log f(z)]_a^{a+\omega} = 2k'\pi i \cdot \omega',$$

letzteres, weil $f(z)$ in a und $a+\omega$ denselben Wert hat, die Logarithmen sich also nur um ein Vielfaches von $2\pi i$ unterscheiden. Ebenso gibt das zweite und vierte Integral zusammen $2k\pi i\omega$, so daß unsere Differenz $= k\omega + k'\omega'$ ist.

3. Aus $f(\widetilde{\omega} - z) = f(-z) = -f(z)$ folgt für $z = \frac{1}{2}\widetilde{\omega}$, daß $f(\frac{1}{2}\widetilde{\omega}) = -f(\frac{1}{2}\widetilde{\omega})$ ist, was für nur $f(\frac{1}{2}\widetilde{\omega}) = 0$ oder $= \infty$ möglich ist. Da sich $f(z)$ auch als ungerade Funktion von $z' = z - \frac{1}{2}\widetilde{\omega}$ erweist, hat die Laurent-Entwicklung von $f(z)$ an der Stelle $\frac{1}{2}\widetilde{\omega}$ nur ungerade Potenzen.

4. a) Durch $z' = \frac{2\pi i}{\omega} z$ wird das Fundamentalparallelogramm zunächst auf dasjenige Parallelogramm abgebildet, das durch die Vektoren von 0 nach $2\pi i$ und nach $2\pi i\frac{\omega'}{\omega}$ aufgespannt wird. Durch $\omega = e^{z'}$ wird dieses dann auf den Kreisring $1 \geqq |w| \geqq e^{-2\pi\tau_1}$ abgebildet, wenn τ_1 den imaginären Teil von $\omega' : \omega$ bedeutet, der nach K II, S. 59, positiv angenommen werden darf. b) Der Translation (ω') entspricht in der w-Ebene eine Streckung im Verhältnis $1 : e^{-2\pi\tau_1}$. Den aufeinanderfolgenden Parallelogrammen entsprechen also Kreisringe, deren Radien eine geometrische Folge bilden und die die punktierte Ebene $0 < |w| < +\infty$ genau einmal erfüllen.

5. Ist $f(z) = \varphi(\zeta)$, so ist auch $f(z+\omega) = \varphi(\zeta)$, aber $f(z+\omega') = \varphi(\mu\zeta)$ mit $\mu = e^{2\pi i\frac{\omega'}{\omega}}$. Hat also $f(z)$ die Peri-

ode ω', so ist $\varphi(\mu\zeta) = \varphi(\zeta)$, d. h. $\varphi(\zeta)$ hat eine „multiplikative Periode".

6. $e^{\wp(z)}$ ist doppelt-periodisch, aber nicht elliptisch; denn die Gitterpunkte des Periodennetzes sind wesentlich singuläre Stellen der Funktion, während eine elliptische Funktion im Endlichen nur Pole hat.

7. Wir setzen $\omega = 2\alpha > 0$ und $-i\omega' = 2\beta > 0$. In der Entwicklung (s. K II, S. 44)

$$\wp(z) = \frac{1}{z^2} + \sum_{k,k'}{}' \left[\frac{1}{(z - 2k\alpha - 2k'i\beta)^2} - \frac{1}{(2k\alpha + 2k'i\beta)^2}\right]$$

benennen wir die Summanden nach dem Gitterpunkt (k, k') in einem kk'-Achsensystem und bezeichnen für ein festes z die beiden Summanden in der eckigen Klammer mit $(k, k')_1$ bzw. $(k, k')_2$, beide zusammen mit $[k, k']$. Verabredungsgemäß ist dabei $(0, 0)_2 = 0$, $[0, 0] = \frac{1}{z^2}$ zu setzen. Nun sind $(k, k')_2$ und $(k, -k')_2$ offenbar konjugiert komplex (bzw. beide reell, falls $k = 0$ oder $k' = 0$ ist).

a) Ist nun $z = x > 0$ reell, so sind auch $(k, k')_1$ und $(k, -k')_1$ und folglich auch $[k, k']$ und $[k, -k']$ für $k' \gtrless 0$ konjugiert komplex, für $k' = 0$ beide reell. Die Glieder unserer Reihe sind also für $k' = 0$ reell, für $k' \gtrless 0$ zu je zweien konjugiert komplex. Ihre Summe $\wp(x)$ ist also reell.

b) Ist $z = \alpha + iy$, so ist $(k, k')_1 = (\alpha + iy - 2k\alpha - 2k'i\beta)^{-2} = (\alpha - iy + 2(k-1)\alpha + 2k'i\beta)^{-2}$ konjugiert zu

$$(\alpha + iy + 2(k-1)\alpha - 2k'i\beta)^{-2} = (-k + 1, k')_1.$$

Die vier Summanden

$$[k, k'] + [-k + 1, k'] + [k, -k'] + [-k + 1, -k']$$

(zusammenfallende nur einmal gerechnet) ergeben also eine reelle Summe. Daher ist auch $\wp(\alpha + iy)$ reell.

c) Ist $z = x + i\beta$, so stellt man in ganz ähnlicher Weise fest, daß die vier Summanden

$$[k, k'] + [k, -k' + 1] + [k, -k'] + [k, k' - 1]$$

stets eine reelle Summe ergeben. Also ist auch $\wp(x + i\beta)$ reell.

d) Ist schließlich $z = iy$, so ist $(k, k')_1 = (iy - 2k\alpha - 2k'i\beta)^{-2} = (-iy - 2(-k)\alpha + 2k'i\beta)^{-2}$ konjugiert zu $(iy - 2(-k)\alpha - 2k'i\beta)^{-2} = (-k, k')_1$ und man sieht, daß jetzt die vier Summanden

$$[k, k'] + [-k, k'] + [k, -k'] + [-k, -k']$$

(zusammenfallende wieder nur einmal gerechnet) stets eine reelle Summe ergeben. Auch $\wp(iy)$ ist reell.

Umläuft also z, bei 0 beginnend, das dort liegende Viertel des Fundamentalparallelogramms $(0 \ldots \alpha \ldots \alpha + i\beta \ldots, i\beta \ldots 0)$ im positiven Sinne bis zurück nach 0, so ist $\wp(z)$ stets reell, und zwar (wegen des Gliedes z^{-2}) erst positiv groß, zuletzt negativ groß. Also durchläuft $w = \wp(z)$ die reelle Achse von rechts nach links. Jeder dieser reellen Werte wird auch nur einmal angenommen, denn die in $0 \ldots \alpha$ angenommenen Werte werden auch (in umgekehrter Reihenfolge) wegen $\wp(z) = \wp(\omega - z)$ auf der Strecke $\alpha \ldots 2\alpha (= \omega)$ angenommen, — und analog für die übrigen drei Strecken. Jeder Wert w wird aber (s. K II, § 9, Satz 7) von $\wp(z)$ nur genau zweimal angenommen. (Ein jeder übrigens an zwei getrennten Stellen je von der ersten Ordnung; nur die Werte $\wp(\alpha)$, $\wp(\alpha + i\beta)$, $\wp(i\beta)$ und ∞ werden an genau einer Stelle, dafür aber von der zweiten Ordnung angenommen.) Daher wird das betrachtete Viertel des Rechtecks (vgl. Aufg. 3 u. 4 in § 20 und Bi, § 9) ein-eindeutig auf die untere w-Halbebene (warum die untere?) abgebildet. Durch Spiegelung (Bi, § 10) ergibt sich endlich, daß das ganze Fundamentalrechteck auf eine zweiblättrige in den Punkten $\wp(\alpha)$, $\wp(\alpha + i\beta)$, $\wp(i\beta)$ und ∞ zusammenhängende w-Ebene abgebildet wird. (Vgl. hierzu Bi, § 14 und § 15, 8.)

8. a) Siehe K II, S. 76, Fußnote 1. b) Nach K II, S. 76, oben, und nach a) ist

$$\wp(z) = \frac{1}{z^2} + 3s_4 z^2 + 5s_6 z^4 + 7s_8 z^6 + \cdots,$$

also

$$\wp''(z) = \frac{6}{z^4} + 3\cdot 2\cdot 1\cdot s_4 + 5\cdot 4\cdot 3\cdot s_6 z^2 + 7\cdot 6\cdot 5\cdot s_8 z^4 + \cdots.$$

Andererseits folgt aus $\wp'^2 = 4\wp^3 - 60s_4\wp - 140\,s_6$ (s. K II, S. 76) durch Differentiation und Division durch $2\,\wp'$, daß $\wp'' = 6\,\wp^2 - 30\,s_4$, also

$$\wp''(z) = 6\left[\frac{1}{z^4} + s_4 + 10s_6 z^2 + (9s_4^2 + 14s_8)z^4 + \cdots\right].$$

Hiernach ist $9s_4^2 + 14s_8 = 35s_8$ oder $7s_8 = 3s_4^2$. — Durch Koeffizientenvergleich bei den höheren Potenzen lassen sich auch alle weiteren s_{2m} durch s_4 und s_6, also durch g_2 und g_3 ganz und rational mit rationalen Koeffizienten ausdrücken.

9. $\wp'(z)$ ist eine ungerade elliptische Funktion und verschwindet daher (s. Aufg. 3) für die Halbperioden $\frac{1}{2}\omega$, $\frac{1}{2}\omega'$ und $\frac{1}{2}(\omega + \omega')$. Daher sind $w = \wp(\frac{1}{2}\omega)$, $\wp(\frac{1}{2}\omega')$, $\wp(\frac{1}{2}(\omega + \omega'))$ jedenfalls Wurzeln von $4w^3 - g_2 w - g_3$. Die drei genannten Werte sind auch voneinander verschieden, denn jeder der Werte wird von der 2. Ordnung angenommen (da die zugehörige Ableitung verschwindet), und mehr als zweimal wird kein Wert angenommen.

10. Sind die Nullstellen $z_1, \ldots, z_k$ und die Pole $\zeta_1, \ldots, \zeta_k$ von $f(z)$ so bezeichnet wie in Aufg. 2, so ist $\sum z_\varkappa - \sum \zeta_\varkappa$ einer Periode ω gleich. Ersetzen wir ζ_1 durch den kongruenten, aber evtl. außerhalb des zuerst gewählten Periodenparallelogramms gelegenen Punkt $\zeta_1 + \widetilde{\omega}$ und bezeichnen diesen wieder mit ζ_1, so ist jetzt $\sum z_\varkappa = \sum \zeta_\varkappa$. Der in der Aufgabe angeschriebene σ-Quotient erweist sich nun nach

K II, § 9, S. 79 (2) als doppelt-periodisch mit den Perioden ω und ω'. Durch $f(z)$ dividiert ist er dann eine doppelt-periodische ganze Funktion, also konstant.

V. Kapitel.
Analytische Fortsetzung.

§ 15. Verhalten von Potenzreihen auf dem Rande des Konvergenzkreises.

1. Nach I, § 11, Aufg. 7 strebt $h(z) \to +\infty$, wenn z sich radial $\to +1$ bewegt. Wird nun $a_n = g \cdot b_n + \varepsilon_n b_n$ gesetzt, so strebt $\varepsilon_n \to 0$; daher hat $\sum a_n z^n$ mindestens denselben Radius wie $\sum b_n z^n$. Wird jetzt $\varepsilon > 0$ gegeben, so wähle man m so, daß $|\varepsilon_n| < \frac{1}{2}\varepsilon$ für $n > m$. Dann ist für $z = x$ in $0 < x < 1$

$$\left|\frac{f(x)}{h(x)} - g\right| < \frac{|\varepsilon_0 b_0| + \cdots + |\varepsilon_m b_m|}{h(x)} + \frac{\varepsilon}{2}.$$

Nach der Vorbemerkung kann jetzt $\delta > 0$ so angegeben werden, daß in $1 - \delta < x < 1$ die rechte Seite $< \varepsilon$ ist.

2. Er gilt nicht mehr allgemein. Denn ist z. B. $h(z) = e^{\left(\frac{1}{1-z}\right)^2} = \sum\limits_{n=0}^{\infty} b_n z^n$, so ist $b_n > 0$, $\sum b_n$ divergent (warum?), aber nach § 3, Aufg. 7a strebt $h(z)$ nicht $\to \infty$, sondern gegen 0, wenn z sich z. B. so $\to +1$ bewegt, daß $\operatorname{arc}(1 - z) = \frac{2\pi}{3}$ ist. Man zeigt nun leicht, daß

$$f(z) = h(z) + \frac{1}{1-z} = \sum a_n z^n = \sum (b_n + 1) z^n$$ ein Gegenbeispiel gegen die geplante Erweiterung des Satzes der vorigen Aufgabe bildet. Ist aber $h(z)$ so beschaffen, daß es nach Wahl des Dreiecks $z_1 z_2 1$ eine Konstante $\gamma > 0$ gibt, so daß für alle von $+1$ verschiedenen Punkte z dieses Drei-

ecks $|h(z)| : h(|z|) \geqq \gamma$ bleibt, so bleibt der Satz richtig. Denn es ist jetzt für die genannten z

$$\left|\frac{f(z)}{h(z)} - g\right| \leqq \left\{\frac{|\varepsilon_0 b_0| + \cdots + |\varepsilon_m b_m|}{h(|z|)} + \frac{\varepsilon}{2}\right\} \cdot \frac{h(|z|)}{|h(z)|}$$

$$\leqq \frac{1}{\gamma} \cdot \varepsilon \text{ für alle } z \text{ des Dreiecks,}$$

für die $1 - \delta < |z| < 1$ ist ($\delta = \delta(\varepsilon)$). Da γ fest, $\varepsilon > 0$ beliebig, liegt hierin der Beweis.

3. $h(z) = \frac{1}{1-z} = \sum z^n$ erfüllt nach I, § 1, Aufg. 13 die in der vorigen Lösung formulierte Bedingung $|h(z)| : h(|z|) \geqq \gamma$. Also strebt bei Annäherung an $+1$, sofern z in einem festen Dreieck $z_1 z_2 1$ bleibt,

$$\frac{f(z)}{h(z)} = \left(\sum_{n=0}^{\infty} a_n z^n\right) \to \lim_{n\to\infty} \frac{s_n}{1} = \sum_{n=0}^{\infty} a_n.$$

4. Aus $F(z) = \sum\limits_{n=0}^{\infty} a_n z^n$ folgt $\frac{1}{1-z} F(z) = \sum\limits_{n=0}^{\infty} s_n z^n$ und

$\frac{1}{(1-z)^2} F(z) = f(z) = \sum\limits_{n=0}^{\infty} (s_0 + s_1 + \cdots + s_n) z^n$. Wendet man auf diese Funktion $f(z)$ und auf $h(z) = \left(\frac{1}{1-z}\right)^2$ den Satz aus Aufg. 2 an, so folgt bei einer im Innern des Dreiecks $z_1\ z_2\ 1$ verlaufenden Annäherung von z an 1:

$$\frac{f(z)}{h(z)} = F(z) \to \lim_{n\to\infty} \frac{s_0 + s_1 + \cdots + s_n}{n+1} = s.$$

Denn es ist $h(z) = \sum\limits_{n=0}^{\infty} (n+1) z^n$ und dies $h(z)$ erfüllt nach I, § 1, Aufg. 13 die Bedingung $h(|z|) : |h(z)| \leqq K^2$ für alle $z \neq +1$ des Dreiecks.

5. a) Beweis nach Aufg. 4. Es ist $s_n = 1$ für $(2m-2)^2 \leqq n < (2m-1)^2$ und $s_n = 0$ für $(2m-1)^2 \leqq n < (2m)^2$, $m = 1, 2, \ldots$ Daher strebt, wie man leicht nachrechnet. $\frac{s_0 + s_1 + \cdots + s_n}{n+1} \to \frac{1}{2}$, womit der Beweis schon vollendet.

b) Erweitert man mit $(1-z)^{-1}$, so kann die Funktion so geschrieben werden:

$$\frac{\sum_{n=0}^{\infty}([\sqrt{n}]+1)z^n}{(1-z)^{-\frac{3}{2}}} = \frac{f(z)}{h(z)} = \frac{\Sigma a_n z^n}{\Sigma b_n z^n}.$$

Nach Aufg. 1 und 2 genügt es, $b_n > 0$, die Divergenz von Σb_n, $\frac{a_n}{b_n} \to \frac{1}{2}\sqrt{\pi}$ und $\frac{|h(z)|}{h(|z|)} \geqq \gamma$ zu beweisen. Nun ist gewiß $b_n > 0$ und

$$\frac{1}{b_n} = \frac{n!\, n^{\frac{3}{2}}}{\frac{3}{2}(\frac{3}{2}+1)\cdots(\frac{3}{2}+n)} \cdot \frac{\frac{3}{2}+n}{n^{\frac{3}{2}}} \simeq \frac{1}{\sqrt{n}} \cdot \Gamma(\tfrac{3}{2}),$$

so daß Σb_n divergiert und $\frac{a_n}{b_n} \to \Gamma\left(\frac{3}{2}\right) = \frac{1}{2}\Gamma\left(\frac{1}{2}\right) = \frac{1}{2}\sqrt{\pi}$ strebt. Überdies ist $\frac{h(|z|)}{|h(z)|} = \left(\frac{|1-z|}{1-|z|}\right)^{\frac{3}{2}}$ nach I, § 1, Aufg. 13 beschränkt.

c) Erweitert man noch mit $(1-z)^{-1}$, so handelt es sich um $\frac{a_1 z + a_2 z^2 + \cdots + a_n z^n + \cdots}{z + \left(1+\frac{1}{2}\right)z^2 + \cdots + \left(1+\frac{1}{2}+\cdots+\frac{1}{n}\right)z^n + \cdots}$, wenn a_n abzählt, wie viele der Zahlen $p^0, p^1, \ldots \leqq n$ sind. Es ist also $a_n = \left[\frac{\log n}{\log p}\right] + 1$ und daher $\frac{a_n}{1+\frac{1}{2}+\cdots+\frac{1}{n}} \to \frac{1}{\log p}$, womit nach Aufg. 1 und 2 der Beweis schon vollendet ist. Denn $b_n = 1 + \frac{1}{2} + \cdots + \frac{1}{n}$ ist > 0, Σb_n divergiert, und es ist (s. I, § 1, Aufg. 13)

$$\frac{\Sigma b_n |z|^n}{|\Sigma b_n z^n|} = \frac{|1-z|}{1-|z|} \cdot \frac{\log(1-|z|)}{|\log(1-z)|} \leqq K \cdot \frac{\log \frac{K}{\varrho}}{\log \frac{1}{\varrho}},$$

wenn $1 - z = \varrho(\cos\varphi + i \sin\varphi)$ gesetzt wird. Der Quotient bleibt also für alle $z \neq 1$, die hinreichend nahe an $+1$ im Dreieck $z_1 z_2 1$ liegen, unter einer festen Schranke.

d) Beweis nach Aufg. 1 und 2. Wird $a_0 = 0$ und $n^p = a_n$ für $n = 1, 2, \ldots$ sowie $(1-z)^{-p-1} = \sum\limits_{n=1}^{\infty} b_n z^n$, also $b_n = \binom{n+p}{n}$ gesetzt, so ist $b_n > 0$, Σb_n divergent und es strebt $\frac{a_n}{b_n} = \frac{n!\, n^{p+1}}{(p+1)\cdots(p+1+n)} \cdot \frac{p+1+n}{n} \to \Gamma(p+1)$.

Endlich ist $\sum\limits_{n=0}^{\infty} b_n |z|^n : \left| \sum\limits_{n=0}^{\infty} b_n z^n \right| = \left(\frac{|1-z|}{1-|z|}\right)^{p+1} \leqq K^{p+1}$.

6. Es ist

$$\sum_{n=0}^{\infty} a_n z^n = (1-z) \sum_{n=0}^{\infty} s_n z^n = s + (1-z) \sum_{n=0}^{\infty} (s_n - s) z^n.$$

Wird also $\sqrt{n}(s_n - s) = \varepsilon_n$ mit $\varepsilon_n \to 0$ gesetzt ($n \geqq 1$), so genügt es, zu zeigen, daß

$$(*) \quad \left| (1-z) \sum_{n=1}^{\infty} \frac{\varepsilon_n}{\sqrt{n}} z^n \right| \leqq \frac{|1-z|}{\sqrt{1-|z|}} \cdot \frac{\sum\limits_{n=1}^{\infty} \frac{|\varepsilon_n|}{\sqrt{n}} |z|^n}{\sum\limits_{n=1}^{\infty} b_n |z|^n} \to 0$$

strebt. Hierbei wurde

$$\frac{1}{\sqrt{1-|z|}} = \sum_{n=1}^{\infty} b_n |z|^n, \text{ also } b_n = (-1)^n \binom{-\frac{1}{2}}{n}$$

gesetzt. Nach K II, § 6, 3. Beispiel, (6), ist $b_n > 0$, und $b_n \cong \frac{1}{\sqrt{\pi n}}$, also $\sum b_n$ divergent. Nach Aufg. 1 strebt also der zweite Faktor in (*) gegen 0. Es bleibt also zu zeigen, daß $\frac{|1-z|}{\sqrt{1-|z|}}$ für alle $z \neq 1$ in der in der Aufgabe genannten Ellipse beschränkt bleibt. Es ist aber für diese $z = x + iy$

$$\frac{|1-z|^2}{1-|z|} = \frac{(1-x)^2+y^2}{1-\sqrt{x^2+y^2}} \leq \frac{(1-x)^2+\alpha^2(1-x^2)}{1-\sqrt{x^2+\alpha^2(1-x^2)}}.$$

Für $x \to +1$ strebt dies $\to \frac{2\alpha^2}{1-\alpha^2}$. Also bleibt der Ausdruck beschränkt für die genannten z.

An Stelle der in der Aufgabe genannten Ellipse kann natürlich auch ein Kreis genommen werden, dessen Radius < 1 ist und der den Einheitskreis in $+1$ von innen berührt.

Wegen einer Vertiefung dieser Aufgabe vgl. F. Lösch, Mathemat. Zeitschrift **37** (1933), S. 85—89 und W. Meyer-König, Mathemat. Zeitschrift **46** (1940), S. 571—590.

7. a) $f_1(z)$ ist eine gewöhnliche Potenzreihe mit dem Radius 1, die in $z = +1$ konvergiert. Also ist nach dem Abelschen Grenzwertsatz (I, § 11, Aufg. 10)

$$\lim f_1(z) = 1 + \tfrac{1}{3} - \tfrac{1}{2} + \tfrac{1}{5} + \tfrac{1}{7} - \tfrac{1}{4} + + - \cdots = s.$$

(Bekanntlich ist $s = \frac{3}{2}\log 2$; Beweis?) Der Limes der Funktion für $z \to +1$ stimmt also mit dem Werte der darstellenden Reihe für $z = +1$ überein.

b) Für $|z| < 1$ ist die Reihe für $f_2(z)$ absolut konvergent, darf also umgeordnet werden:

$$f_2(z) = \sum_{n=1}^{\infty} (-1)^{n-1} \frac{z^n}{n} = \log(1+z).$$

Daher ist $\lim f_2(z) = \log 2$. Der Wert der Reihe für $z = +1$ ist aber wieder $= s = \frac{3}{2}\log 2$, also von dem Limes der Funktion für $z \to +1$ verschieden.

8. Die vorgelegte Funktion ist

$$= \frac{1}{2i}\left[(1-z)^{-i+1} - (1-z)^{i+1}\right].$$

Der Entwicklungskoeffizient von z^n ist gleich dem imaginären Teil von $(-1)^n\binom{-i+1}{n}$, also seinem Betrage nach kleiner als der Betrag dieses Binomialkoeffizienten. Dieser Betrag ist aber (vgl. § 5, Aufg. 5) für $n > 2$

$$= \frac{\sqrt{2}}{n(n-1)}\sqrt{\left(1+\frac{1}{1^2}\right)\left(1+\frac{1}{2^2}\right)\cdots\left(1+\frac{1}{(n-2)^2}\right)}.$$

Da für $n \to \infty$ die Wurzel einem endlichen Grenzwert zustrebt (s. K II, § 2, Satz 4), so folgt hieraus die Behauptung.

§ 16. Analytische Fortsetzung von Potenzreihen.

1. Wegen $\mathfrak{P}'(z) = \sum_{n=1}^{\infty} z^{n-1} = \frac{1}{1-z}$ ist $\mathfrak{P}^{(k)}(z) = \frac{(k-1)!}{(1-z)^k}$.

Demnach lautet die Entwicklung an der Stelle z_1:

$$\mathfrak{P}(z_1) + \sum_{n=1}^{\infty} \frac{1}{n}\left(\frac{z-z_1}{1-z_1}\right)^n = \mathfrak{P}(z_1) + \mathfrak{P}\left(\frac{z-z_1}{1-z_1}\right).$$

Wegen $|1 - z_1| = 1$ ist der Radius wieder $= 1$, so daß insbesondere z_2 in das Innere des neuen Kreises fällt. — Wegen

$$\frac{d}{dz}\mathfrak{P}\left(\frac{z-z_1}{1-z_1}\right) = \frac{1}{1-z_1}\cdot\sum_{n=1}^{\infty}\left(\frac{z-z_1}{1-z_1}\right)^{n-1} = \frac{1}{1-z}$$

ist $\frac{d^k}{dz^k}\mathfrak{P}\left(\frac{z-z_1}{1-z_1}\right) = \frac{(k-1)!}{(1-z)^k}$, und die Entwicklung an der Stelle z_2 lautet

$$\mathfrak{P}(z_1) + \mathfrak{P}\left(\frac{z_2 - z_1}{1 - z_1}\right) + \mathfrak{P}\left(\frac{z - z_2}{1 - z_2}\right).$$

Nach p Schritten findet man an der Stelle $z_p = z_0 = 0$ die Entwicklung

$$\mathfrak{P}(z_1) + \mathfrak{P}\left(\frac{z_2 - z_1}{1 - z_1}\right) + \cdots + \mathfrak{P}\left(\frac{z_p - z_{p-1}}{1 - z_{p-1}}\right) + \mathfrak{P}\left(\frac{z - z_p}{1 - z_p}\right).$$

Da die neu aufgetretene Potenzreihe $\equiv \mathfrak{P}(z)$ ist, so hat sich ergeben, daß $\mathfrak{P}(z)$ um 1 herum fortgesetzt werden kann, und bei der Rückkehr ist nur die additive Konstante

$$\mathfrak{P}(z_1) + \mathfrak{P}\left(\frac{z_2 - z_1}{1 - z_1}\right) + \cdots + \mathfrak{P}\left(\frac{z_p - z_{p-1}}{1 - z_{p-1}}\right)$$

hinzugetreten. Nun rechnet man sofort nach, daß hier alle p Argumente einander gleich, also alle $= z_1$ sind. Die Konstante ist also

$$= p\mathfrak{P}(z_1) = p \cdot \left(1 - e^{-\frac{2\pi i}{p}}\right)\left[1 + \frac{z_1}{2} + \frac{z_1^2}{3} + \cdots\right].$$

Da dieser Wert nicht von p abhängt, so kann man ihn bestimmen, indem man $p \to \infty$ streben läßt; dann strebt $z_1 \to 0$, also die eckige Klammer $\to 1$, das davorstehende Produkt aber offenbar $\to 2\pi i$.

2. Ist c das Residuum des Poles, so ist $f(z) - \dfrac{c}{z - z_0}$ auch in z_0 regulär und somit in einem Kreise $|z| < R$, dessen Radius $R > |z_0| = r$ ist. Setzen wir $f(z) - \dfrac{c}{z - z_0} = \sum\limits_{n=0}^{\infty} b_n z^n$, so strebt insbesondere $b_n z_0^n \to 0$. Nun ist aber

$$\frac{c}{z - z_0} = \sum_{n=0}^{\infty}\left(-\frac{c}{z_0^{n+1}}\right) z^n \quad \text{und also} \quad a_n = b_n - \frac{c}{z_0^{n+1}}.$$

Nun sieht man, daß

$$\frac{a_n}{a_{n+1}} = \frac{b_n z_0^{n+1} - c}{b_{n+1} z_0^{n+2} - c} \cdot z_0 \to z_0 \text{ strebt.}$$

3. Wegen $\left(\frac{\zeta}{1-\zeta}\right)^{n+1} = \sum_{k=0}^{\infty} \binom{n+k}{n} \zeta^{k+n+1}$ ist

$$\mathfrak{P}_1(\zeta) = \sum_{n=0}^{\infty} b_n \zeta^{n+1} \text{ mit } b_n = \binom{n}{0} a_0 + \binom{n}{1} a_1 + \cdots + \binom{n}{n} a_n.$$

Ihr Radius ϱ ist gegeben durch

$$\frac{1}{\varrho} = \limsup \sqrt[n]{\left|\binom{n}{0} a_0 + \binom{n}{1} a_1 + \cdots + \binom{n}{n} a_n\right|}.$$

Betrachtet man nun die Kreisschar $|\zeta| = \left|\frac{z}{z+1}\right| = \alpha \geqq 0$, so liegen diese für $\alpha \leqq \frac{1}{2}$ ganz im Einheitskreise, während sie für $\alpha > \frac{1}{2}$ über diesen hinausragen. Es sei nun $f(z)$ die durch die Reihe $\mathfrak{P}(z)$ und ihre (vom Nullpunkt aus) geradlinigen Fortsetzungen definierte Funktion. Dann liefert der größte jener Kreise (d. h. derjenige, der dem größten α-Wert entspricht; als sein Inneres ist der den Nullpunkt enthaltende Teil der Ebene anzusehen, welches für $\alpha > 1$ auch den Punkt ∞ enthält), der noch frei von singulären Stellen der Funktion $f(z)$ ist, durch seinen α-Wert gleichfalls den Radius ϱ von $\mathfrak{P}_1(\zeta)$. Also ist $\frac{1}{2} \leqq \varrho \leqq +\infty$.

4. Der Punkt $+1$ ist offenbar dann und nur dann singulär, wenn der Kreis $\alpha = \frac{1}{2}$ der größte der in der vorigen Aufgabe genannten Kreise ist; also dann und nur dann, wenn

$$\limsup \sqrt[n]{\left|\binom{n}{0} a_0 + \cdots + \binom{n}{n} a_n\right|} = 2$$

ist. Und der Punkt ist also dann und nur dann regulär, wenn dieser lim sup < 2 ist (da er ja nicht > 2 sein kann).

5. a) Hier handelt es sich um

$$\limsup \sqrt[n]{\left|\binom{n}{0}-\binom{n}{1}+\cdots+(-1)^n\binom{n}{n}\right|}.$$

Da der Radikand $=(1-1)^n=0$ ist, ist der lim sup $=0$ <2, also die Stelle $+1$ regulär. (Die dargestellte Funktion ist ja $=\frac{z}{1+z}=\zeta$, also eine **ganze** Funktion von ζ).

b) Hier handelt es sich um

$$\limsup \sqrt[n]{\left|\binom{n}{0}-\frac{1}{2}\binom{n}{1}+\frac{1}{3}\binom{n}{2}-\cdots+\frac{(-1)^n}{n+1}\binom{n}{n}\right|}.$$

Der Radikand ist hier die n^{te} Differenz der Folge $1, \frac{1}{2}, \frac{1}{3}, \ldots$, also (wie man leicht nachprüft) $=\frac{1}{n+1}$. Der lim sup ist also $=1$. Die durch die Reihe dargestellte Funktion ist also in dem zur Schar gehörigen Kreise $\Re(z)>-\frac{1}{2}$, speziell in $+1$ regulär. Die „größeren" Kreise enthalten den Punkt ∞, so daß die Funktion in ihnen nicht mehr regulär ist.

6. Wir dürfen annehmen, daß **alle** $a_n \geqq 0$ sind und der Radius von $\sum a_n z^n$ gleich 1 ist; dann ist für gegebenes $\varepsilon>0$ unendlich oft $a_n>(1-\varepsilon)^n$. Ist $n=m$ ein solcher Index, so ist

$$\sqrt[2m]{\binom{2m}{0}a_0+\cdots+\binom{2m}{m}a_m+\cdots+\binom{2m}{2m}a_{-m}} \geqq \sqrt[2m]{\binom{2m}{m}(1-\varepsilon)^m}.$$

Wegen $\binom{2m}{m} \simeq \frac{2^{2m}}{\sqrt{\pi m}}$ (vgl. K II, S. 46/47) hat also unsere Wurzel als lim sup einen Wert $\geqq 2$, also ist er $=2$.

7. Nach dem zu I, § 11, Aufg. 3 bewiesenen Satz ist $+1$ eine singuläre Stelle für die Funktion $\varphi(z)$. Also ist die Taylorsche Entwicklung von $\varphi(z)$ um die Stelle $+\frac{1}{2}$, d. h. die Reihe

$$\sum_{\nu=0}^{\infty} \frac{\varphi^{(\nu)}(\frac{1}{2})}{\nu!} (z-\tfrac{1}{2})^{\nu}$$

für die reellen $z>1$ divergent. Wegen $\varphi^{(\nu)}(\frac{1}{2}) = \Re(f^{(\nu)}(\frac{1}{2}))$ ist also auch die Reihe

$$\sum_{\nu=0}^{\infty} \frac{f^{(\nu)}(\frac{1}{2})}{\nu!} (z-\tfrac{1}{2})^{\nu}$$

für alle reellen $z>1$ divergent. Also ist $f(z)$ in $+1$ singulär.

§ 17. Analytische Fortsetzung beliebig gegebener Funktionen.

1. Offenbar nicht, denn sie ist in $x=0$ nicht differenzierbar. Oder: Für $x>0$ ist $F(x)=x$, also fortsetzbar und $F(z)=z$ ist die Fortsetzung. Analog ist $F(x)$ auch für $x<0$ fortsetzbar, und die Fortsetzung ist $F(z)=-z$. Eine Funktion kann aber nicht auf zwei verschiedene Arten fortsetzbar sein (s. K I, § 22, Satz 2).

2. Nicht im Sinne von K I, S. 92, daß es also ein die Strecke $-1<x<+1$ in seinem Innern enthaltendes Gebiet $\mathfrak{G}$ und eine dort reguläre Funktion $f(z)$ gäbe, deren Werte längs der genannten Strecke mit den dort gegebenen Werten übereinstimmen. Denn als Fortsetzung käme, wie der Werteverlauf auf $0<x<+1$ lehrt, nur $e^{-1:z^2}$ in Betracht; diese Funktion ist aber in 0 wesentlich singulär.

3. Nach I, § 9, Aufg. 1f. oder aus $\left|\frac{z^n}{1-z^n}\right| \leqq \frac{1}{1-\varrho}\cdot\varrho^n$ für $|z|\leqq\varrho$ sieht man zunächst, daß $f(z)$ in $|z|<1$ regulär ist. Ist nun ζ eine primitive Einheitswurzel des Grades

$g_0 \cdot g_1 \cdots g_p$, ($p \geqq 0$ fest), so ist für $0 < \varrho < 1$, $z = \varrho\zeta$,

$$\sum_{n=p}^{\infty} \frac{z^{g_0 \cdots g_n}}{1 - z^{g_0 \cdots g_n}} = \sum_{n=p}^{\infty} \frac{\varrho^{g_0 \cdots g_n}}{1 - \varrho^{g_0 \cdots g_n}}.$$

Für $\varrho \to +1$ wächst dies (positiv bleibend) über alle Grenzen. Der fortgelassene Anfang der Reihe ist eine in ζ reguläre rationale Funktion, bleibt also bei $z \to \zeta$ beschränkt. Also ist ζ für $f(z)$ eine singuläre Stelle. Da die Punkte ζ überall dicht auf $|z| = 1$ liegen, ist $f(z)$ nicht über den Einheitskreis hinaus fortsetzbar.

4. Es sei $f(z)$ für $|z| < r$, $r > 0$, regulär. Dann lehrt (*), daß auch $f(2z)$ für $|z| < r$, also $f(z)$ für $|z| < 2r$ regulär ist; also auch für $|z| < 4r$, $< 8r, \ldots$, also in der ganzen Ebene. — Bei der rechten Seite von (*) ist offenbar nur wesentlich, daß hier eine ganze rationale Funktion von $f(z)$ und seinen Ableitungen steht.

5. Für $\Re(z) > 0$ folgt aus (†)

$$(\dagger\dagger) \quad f(z+k+1) = (z+k)(z+k-1)\cdots(z+1)z \cdot f(z), \quad k \geqq 0 \text{ ganz}.$$

Nun ist $f(z+k+1)$ für $\Re(z) > -k-1$ regulär, also auch die rechte Seite. Also hat $f(z)$ für $\Re(z) > -k-1$ keine andern singulären Stellen als Pole 1. Ordnung in $0, -1, -2, \ldots, -k$. Für die Umgebung von $-k$ hat $f(z)$ die Form $\frac{r_k}{z+k} + f_k(z)$, wenn r_k das Residuum in $z = -k$ und $f_k(z)$ eine in $-k$ reguläre Funktion bedeutet. Aus (††) folgt nun für $z \to -k$:

$$f(1) = (-1)^k\, k!\, r_k, \quad r_k = \frac{(-1)^k}{k!} f(1).$$

6. Es sei z_0 ein Punkt von $\mathfrak{w}$. $\mathfrak{C}$ sei ein Kreis um z_0, der in $\mathfrak{G}$ liegt und $\mathfrak{w}$ genau zweimal trifft. Das von $\mathfrak{C}$ umschlossene Gebiet wird dann durch $\mathfrak{w}$ in zwei Teile $\mathfrak{G}_1$ und $\mathfrak{G}_2$ zerschnitten, deren Ränder $\mathfrak{C}_1$ und $\mathfrak{C}_2$ heißen mögen.

Nun gilt, wie man sich ohne Schwierigkeit zurechtlegt, die Cauchysche Integralformel (K I, § 16) auch in diesem Fall, in dem man von $f(z)$ nur weiß, daß es innerhalb der (aus einem Kreisbogen und endlich vielen Strecken bestehenden) Randkurve regulär ist und längs derselben stetige Randwerte annimmt. Danach ist für ein z aus $\mathfrak{G}_1$

$$\frac{1}{2\pi i}\int^{(\mathfrak{C}_{\,})}\frac{f(\zeta)}{\zeta - z}d\zeta = f(z),\quad \frac{1}{2\pi i}\int^{(\mathfrak{C}_{\prime})}\frac{f(\zeta)}{\zeta - z}d\zeta = 0.$$

Also ist $f(z) = \frac{1}{2\pi i}\int^{(\mathfrak{C})}\frac{f(\zeta)}{\zeta - z}d\zeta$. Analog zeigt man, daß diese letzte Formel auch für jedes z aus $\mathfrak{G}_2$ gilt. Nach K I, § 16 definiert das Integral aber eine in jedem Punkt des von $\mathfrak{C}$ umschlossenen Gebietes reguläre Funktion. Also ist $f(z)$ auch in z_0 regulär. (Gilt die Behauptung auch für allgemeinere Wege $\mathfrak{w}$?)

7. Nach I, § 5, Aufg. 9, bei der statt des Einheitskreises natürlich auch ein Streckenzug als Randkurve betrachtet werden könnte, bilden die Randwerte eine längs $\mathfrak{w}$ stetige Funktion. Der Satz der vorigen Aufgabe vollendet nun unmittelbar den Beweis.

8. Nein! Denn das in Betracht gezogene Gebiet ist nicht einfach, sondern zweifach zusammenhängend. Vgl. hierzu § 18, Aufg. 7.

9. Die durch $w^3 - 3w = z$ definierte algebraische Funktion (vgl. § 19, Aufg. 4d) ist dreideutig und hat in $+2$, -2, ∞ Verzweigungspunkte. In $+2$ hängen nur das 1. und 3. Blatt zusammen, das zweite liegt schlicht; in -2 dagegen hängt das 1. und 2. Blatt zusammen, während das dritte schlicht verläuft. Wählt man für $\mathfrak{G}$ den Kreis $|z| < 4$ und für $f(z)$ einen der drei in der Umgebung von $z_0 = 0$ regulären Zweige dieser Funktion, dann kann $f(z)$ auch nach $+2$ und -2 fortgesetzt werden. Denn liegt der gegebene Zweig $f(z)$ im 1. Blatt, so führt eine Umkreisung

von -2 in das 2. Blatt, in welchem man nun ungehindert nach $+2$ gelangen kann. Liegt $f(z)$ im 3. Blatt, so führen aufeinanderfolgende Umkreisungen von $+2$ und -2 wieder in das 2. Blatt, in dem man wieder nach $+2$ gehen kann. Liegt $f(z)$ im 2. Blatt, so kann man sofort nach $+2$ gehen. Analog für -2. Nach jedem andern Punkt von $\mathfrak{G}$ gelangt man auf jedem Wege, der ± 2 vermeidet.

10. Der Beweis verläuft genau wie der des Monodromiesatzes selbst (s. K I, § 25). Nur hat man jetzt einen Punkt erst dann als „singulär", d. h. als Hindernis für die Fortsetzung anzusehen, wenn weder die Funktion noch auch die zu ihr reziproke in den betreffenden Punkt hinein fortgesetzt werden kann.

11. Der Beweis geht wieder ebenso, nur hat man, wenn ein Punkt ζ die Fortsetzung hindert, den in $0 < |z - \zeta| < \delta$ sich ergebenden Wertevorrat durch eine Laurent-Entwicklung darzustellen.

VI. Kapitel.

Mehrdeutige Funktionen und Riemannsche Flächen.

§ 18. Mehrdeutige Funktionen im allgemeinen.

1. Offenbar ja: z. B. $\log z$ in $1 < |z| < 2$. — In einem einfach-zusammenhängenden Gebiete dagegen nicht, wie dies ja gerade die Behauptung des Monodromiesatzes ist (K I, § 25).

2. a) $(z-1)\sqrt{z}$ hat in dem Punkte $+1$ eines jeden der beiden Blätter den Wert 0. b) $(e^z - 1)\sqrt{z}$ hat in den Punkten $z = 2k\pi i$, $k = 0, \pm 1, \pm 2, \ldots$ beider Blätter den Wert 0. c) In allen Punkten zweier übereinanderliegender Gebiete natürlich nicht, weil dann die auf den beiden Blättern ausgebreiteten Funktionszweige überhaupt identisch wären, diese Blätter also nicht als zwei verschiedene Blätter hätten konstruiert werden dürfen.

3. a) Zwei eindeutige Funktionen, nämlich $e^{\frac{z}{2}}$ und $-e^{\frac{z}{2}}$, deren Wertevorräte also auf zwei völlig getrennt verlaufenden Blättern auszubreiten sind.

b) Eine zweideutige Funktion, deren Wertevorrat also auf einer zweiblättrigen Fläche auszubreiten ist. Diese ist in den Punkten $(2k+1)\frac{\pi}{2}$, $(k=0, \pm 1, \pm 2, \ldots)$, verzweigt. Eine Umlaufung eines dieser Punkte führt stets von dem einen in das andre Blatt.

c) Zwei eindeutige Funktionen, nämlich $+\cos z$ und $-\cos z$. (Grund: Alle Nullstellen des Radikanden sind Nullstellen 2. Ordnung.)

d) Zwei eindeutige Funktionen; denn alle Pole und alle Nullstellen des Radikanden sind von der 2. Ordnung (letztere wegen $\wp'(\frac{1}{2}\omega) = 0$). Die Wurzel liefert also in der Umgebung jedes Punktes der Ebene zwei eindeutige Funktionen. Nach § 17, Aufg. 10 haben wir also für die ganze Ebene zwei eindeutige Funktionen.

e) Wenn die beiden Nullstellen von $\wp(z)$ — über deren Lage man im allgemeinen nicht viel aussagen kann — getrennt liegen, so erhalten wir eine zweideutige Funktion. Hat aber $\wp(z)$ nur eine Nullstelle 2. Ordnung im Parallelogramm (was nur eintreten kann, wenn $\wp(z)$ für $\frac{1}{2}\omega$ oder $\frac{1}{2}\omega'$ oder $\frac{1}{2}(\omega+\omega')$ verschwindet), so erhalten wir, wie bei d), zwei eindeutige Funktionen.

f) Unendlich viele eindeutige Funktionen, nämlich $z + 2k\pi i$, $k = 0, \pm 1, \pm 2, \ldots$

g) Eine unendlich vieldeutige Funktion mit Verzweigungspunkten in $0, \pm \pi, \pm 2\pi, \ldots$

h) Eine eindeutige Funktion, wie die Potenzreihenentwicklung zeigt.

4. Man wähle einen bestimmten Weg $\mathfrak{k}_0$ von 0 nach z_0. Der erhaltene Integralwert sei J_0.

Jeder andre in der schlichten z-Ebene verlaufende Weg $\mathfrak{k}$ von 0 nach z_0 kann in der Form $(\mathfrak{k} - \mathfrak{k}_0) + \mathfrak{k}_0$ geschrieben werden, d. h. als geschlossener Weg von 0 nach 0 und von hier längs $\mathfrak{k}_0$ nach z_0. Es handelt sich also nur darum, das Integral längs geschlossener Wege auszuwerten. Ein solcher Weg kann nun (wofern er ± 1 vermeidet), ohne daß der Integralwert sich ändert, zunächst durch eine Aufeinanderfolge von „Schleifen" ersetzt werden, d. h. durch Wege, die von 0 bis in die Nähe von $+1$ (bzw. -1) führen, diesen Punkt einmal umlaufen und zurück nach 0 gehen. (Durch Betrachtungen analog denen in § 1, Aufg. 6 läßt sich dies in aller Strenge zeigen.) Beachtet man, daß nach Umlaufung von ± 1 die Wurzel ihr Zeichen ändert, daß das „Schleifenintegral" um $+1$ den Wert $2\int\limits_0^1 \frac{dx}{\sqrt{1-x^2}} = \pi$, dasjenige um -1 den Wert $-\pi$ hat, und zwar gleichgültig, ob man die Schleife positiv oder negativ durchläuft (!), so sieht man, daß zwei nacheinander durchlaufene Schleifen entweder 2π oder 0 oder -2π liefern. Haben wir also eine gerade Anzahl Schleifen, so ist das Integral über die ganze geschlossene Kurve $= 2k\pi$, $k = 0, \pm 1, \pm 2, \ldots$ Ist die Anzahl ungerade, so ist es gleich $2k\pi + \pi$. Im ersten Falle kehren wir nach 0 mit dem Ausgangswert der Wurzel zurück, im zweiten mit dem entgegengesetzten. Daher ist der Wert des längs $\mathfrak{k}$ genommenen Integrals

$$= 2k\pi + J_0 \quad \text{bzw.} \quad 2k\pi + \pi - J_0.$$

Für $z_0 = \pm 1$ wird, wenn $\mathfrak{k}_0$ geradlinig genommen wird, $J_0 = \pm\frac{\pi}{2}$; für $z_0 = \infty$ wird das Integral divergent.

5. a) $\int\limits_1^{z_0} \frac{dz}{\sqrt[p]{z}} = \frac{p}{p-1}\left[\frac{z}{\sqrt[p]{z}}\right]_1^{z_0}$, falls hier die dem Blatt ent-

sprechenden Werte von $\sqrt[p]{z_0}$ bzw. $\sqrt[p]{1}$ genommen werden.

b) $\int\limits_1^{z_0} \log z\,dz = [z(\log z - 1)]_1^{z_0}$, wenn $\log z_0$ und $\log 1$ analog wie bei a) genommen werden.

6. a) Nach I, § 11, Aufg. 4d ist $f(z)$ in $|z| < 1$ regulär, aber über den Rand $|z| = 1$ nicht fortsetzbar. Nach § 20, Aufg. 13 nimmt $f(z)$ in $|z| < 1$ keinen Wert mehr als einmal an. Da $f(0) = 0$, ist also im übrigen $f(z) \neq 0$. Daher ist $\frac{f(z)}{z}$ in $|z| < 1$ regulär und $\neq 0$, und folglich werden durch $\sqrt{\frac{f(z)}{z}}$ zwei in $|z| < 1$ eindeutige und reguläre Funktionen dargestellt. $F_1(z) = \sqrt{z} \cdot \sqrt{\frac{f(z)}{z}}$ ist also eine in $|z| < 1$ zweideutige Funktion, deren Riemannsche Fläche dasjenige Stück der Fläche für $\sqrt{z}$ ist, dessen Punkte im Innern des Einheitskreises liegen.

b) Man erkennt ganz analog, daß die Riemannsche Fläche für $F_2(z)$ dasjenige Stück der Fläche für $\log z$ ist, dessen Punkte im Innern des Einheitskreises liegen.

7. $\log f(\frac{1}{2} z)$ ist in $0 < |z| < 2$ regulär und verhält sich bezüglich der Vieldeutigkeit wie $\log z$; $\log f\left(\frac{1}{2z}\right)$ ist in $0 < \left|\frac{1}{2z}\right| < 1$, d. h. in $\frac{1}{2} < |z| < +\infty$ regulär und verhält sich bezüglich der Vieldeutigkeit wie $\log \frac{1}{z}$. Also ist $G_1(z)$, die Summe beider, in $\frac{1}{2} < |z| < 2$ eindeutig und regulär. (Genauer: Der Ausdruck für $G_1(z)$ definiert unendliche viele eindeutige reguläre Funktionen, die sich

aber nur um additive Konstanten der Form $2k\pi i$ unterscheiden.) Sie ist überdies über die Ränder des Ringes nicht fortsetzbar. Auch $G_2(z)$ ist in demselben Ringe regulär, über dessen Ränder nicht fortsetzbar, ändert sich aber, wenn innerhalb des Ringes einmal um die innere Kreisscheibe $|z| \leqq \frac{1}{2}$ herum im positiven Sinne fortgesetzt wird, um $4\pi i$. (Vgl. hierzu Aufg. 1 und § 17, Aufg. 8.) Die Riemannsche Fläche für $G_2(z)$ ist also derjenige Teil der Fläche für $\log z$, für dessen Punkte z die Beziehung $\frac{1}{2} < |z| < 2$ gilt.

§ 19. Mehrdeutige, insbesondere algebraische Funktionen.

Vorbemerkung zu Aufg. 1 und 2. Die Aufgaben lassen sich ganz einheitlich und einfach behandeln. Bei allen Funktionen ist sofort zu übersehen, wieviel-deutig die Funktion ist, wieviel Blätter also die Riemannsche Fläche hat, wie sich die verschiedenen Werte der Funktion für dasselbe z unterscheiden (so daß mit Hilfe eines der Werte sofort alle hingeschrieben werden können), und welche Punkte $a, b, \ldots$ als etwaige Verzweigungspunkte allein in Betracht kommen. Man nimmt nun eine der Vieldeutigkeit entsprechende Anzahl von Exemplaren der z-Ebene, markiert in ihnen die als Verzweigungspunkte in Betracht kommenden Punkte (zu denen auch ∞ zu rechnen ist) und verbindet sie in irgendeiner Reihenfolge, den letzten mit ∞. Alle Verbindungen etwa geradlinig, doch so, daß sie einander nicht schneiden, was durch Änderung der Reihenfolge oder der Verbindungslinie stets möglich ist. Längs dieser Verbindungen schneidet man die Exemplare auf. Auf einem ersten Exemplar wählt man nun einen nicht auf dem Schnitt gelegenen Punkt z_0, entwickelt einen Zweig der Funktion (die sich dann in z_0 regulär verhält) für die Umgebung von z_0 und setzt dieses Funktionselement über die Ebene fort, ohne den Schnitt zu überschreiten. Dadurch wird allen Punkten des Blattes ein Funktionswert zugeordnet; längs der Schnittränder erhält man noch stetige Randwerte, — aber an beiden Ufern im allgemeinen verschiedene. Die Belegung der übrigen Blätter ist nach der oben gemachten Bemerkung von selbst gegeben. Ebenso sieht man, wie sich die Belegungen der beiden Ufer desselben Schnittes unterscheiden. Man legt nun die Blätter in bestimmter Reihenfolge übereinander und heftet die gleichbelegten Schnittränder zusammen.

Das geschieht im einzelnen so: Die Vieldeutigkeit der Funktion kommt in den folgenden Aufgaben ausschließlich durch das Verhalten von $\operatorname{arc}(z - a)$, $\operatorname{arc}(z - b), \ldots$ zustande. Dies Verhalten ist aber sofort zu überschauen, wenn man mit z Kurven durchläuft, die in der Nähe der Schnittränder bleiben und bestimmte der Punkte $a, b, \ldots$ umschließen, die andern draußen lassen. Dann wird sofort klar, wie sich die Funktionswerte an beiden Schnitträndern unterscheiden; denn allgemein vermehrt sich $\operatorname{arc}(z - z_1)$ um $+ 2\pi$, wenn z_1 im positiven Sinne umlaufen wird. Hiernach sind die Schnittränder der verschiedenen Blätter aneinanderzuheften.

Für die Bezeichnung dieses Zusammenheftens setzen wir noch folgendes fest: Überschreitet man in der Nähe von a einen bestimmten von a ausgehenden Schnitt in solcher Richtung, daß a zur Linken liegt, und ist dabei Blatt 1 an Blatt α_1, Blatt 2 an Blatt $\alpha_2, \ldots$ zu heften, so drücken wir dies durch die diesem Schnitt zuzuordnende Symbolik

$$\begin{pmatrix} 1 & 2 & \ldots \\ \alpha_1 & \alpha_2 & \ldots \end{pmatrix}_a$$

aus. Geben wir so die Art des Zusammenheftens an allen Schnitträndern an, so ist die Fläche fertig.

1. a) Drei Blätter. Je ein dreiblättriger Verzweigungspunkt in a und ∞. Übereinanderliegende Funktionswerte unterscheiden sich nur um den Faktor ω^k mit $k = 0, 1, 2$ und $\omega = e^{\frac{2\pi i}{3}}$. Ist im ersten Blatt w, im zweiten ωw, im dritten $\omega^2 w$ angeheftet, so sind die Blätter gemäß $\begin{pmatrix}1 & 2 & 3\\ 2 & 3 & 1\end{pmatrix}_a$ zusammenzufügen.

b) Drei Blätter. Je ein dreiblättriger Verzweigungspunkt in a und ∞. Einmaliger Umlauf um a bringt den Faktor ω^2 hinzu. Heften wir demnach im ersten Blatt w, im zweiten $\omega^2 w$, im dritten $\omega^4 w = \omega w$ an, so ist wieder gemäß $\begin{pmatrix}1 & 2 & 3\\ 2 & 3 & 1\end{pmatrix}_a$ zusammenzufügen. Die Fläche ist dann mit der vorigen identisch. Aber man darf auch ωw im zweiten, $\omega^2 w$ im dritten anheften; dann ist gemäß $\begin{pmatrix}1 & 2 & 3\\ 3 & 1 & 2\end{pmatrix}_a$ zusammenzuheften.

c) Drei Blätter. Etwaige Verzweigungspunkte a, b, ∞. Übereinanderliegende Funktionswerte unterscheiden sich nur um ω^k. Heften wir im 1., 2., 3. Blatt bzw. $w, \omega w, \omega^2 w$ an, so ist längs des Schnittes $a \ldots b$ gemäß $\begin{pmatrix}1 & 2 & 3\\ 2 & 3 & 1\end{pmatrix}_a$ zusammenzufügen; denn bei Umkreisung von a vermehrt sich $\operatorname{arc}(z - a)$ um $+ 2\pi$, während $\operatorname{arc}(z - b)$ sich nicht ändert. Umkreist man a und b gleichzeitig, so vermehren sich $\operatorname{arc}(z - a)$ und $\operatorname{arc}(z - b)$ um $+ 2\pi$, ihre Differenz bleibt also ungeändert. In jedem einzelnen Blatt ist der Schnitt für sich zu schließen, der Schnitt $b \ldots \infty$ fällt also fort, ∞ ist kein Verzweigungspunkt, die Blätter liegen dort getrennt übereinander. (Man veranschauliche sich dies bei der Zahlenkugel.) Wir haben also eine dreiblättrige Fläche mit zwei dreiblättrigen Verzweigungen in a und b.

d) Wir beginnen genau wie bei c). Längs $a \ldots b$ ist wieder gemäß $\begin{pmatrix}1\,2\,3\\2\,3\,1\end{pmatrix}_a$, längs $b \ldots \infty$ aber gemäß $\begin{pmatrix}1\,2\,3\\3\,1\,2\end{pmatrix}_b$ zusammenzuheften. Wir erhalten eine dreiblättrige Fläche mit drei dreiblättrigen Verzweigungen in a, b, ∞.

e) Genau wie bei d), wenn man statt ∞ den Punkt c einführt. In ∞ verlaufen die Blätter getrennt, ∞ ist jetzt kein Verzweigungspunkt.

f) Dreiblättrige Fläche. Mögliche Verzweigungen in a_1, $a_2, \ldots, a_k$ und ∞. Analoge Erwägungen wie bei c) und d) lehren, daß längs $a_1, \ldots a_2$ die Blätter gemäß $\begin{pmatrix}1\,2\,3\\2\,3\,1\end{pmatrix}_{a_1}$, längs $a_2 \ldots a_3$ gemäß $\begin{pmatrix}1\,2\,3\\3\,1\,2\end{pmatrix}_{a_2}$, längs $a_3 \ldots a_4$ gemäß $\begin{pmatrix}1\,2\,3\\1\,2\,3\end{pmatrix}_{a_3}$ zusammenzuheften sind. Dieser dritte Schnitt fällt also fort. Längs $a_4 \ldots a_5$ ist wieder gemäß $\begin{pmatrix}1\,2\,3\\2\,3\,1\end{pmatrix}_{a_4}$ zusammenzufügen usw. Der Punkt ∞ ist dann und nur dann Verzweigungspunkt (der Schnitt $a_k \ldots \infty$ also nicht fortzulassen), wenn k nicht durch 3 teilbar ist.

g) Sechs Blätter. Mögliche Verzweigungen in a, b, c, ∞. Die 6 Funktionswerte an einer regulären Stelle z unterscheiden sich dadurch, daß bei der Kubikwurzel ω^k, bei der Quadratwurzel (-1) als Faktor hinzutreten kann. Ist also w_1 ein Wert der Kubikwurzel, w_2 ein solcher der Quadratwurzel, so heften wir an das 1. bis 6. Blatt der Reihe nach die Werte $w_1 + w_2$, $\omega w_1 + w_2$, $\omega^2 w_1 + w_2$, $w_1 - w_2$, $\omega w_1 - w_2$, $\omega^2 w_1 - w_2$. Umkreist man a allein, so ändert sich nur arc $(z - a)$; man hat längs $a \ldots b$ gemäß $\begin{pmatrix}1\,2\,3\,4\,5\,6\\2\,3\,1\,5\,6\,4\end{pmatrix}_a$ zusammenzufügen. (Man sieht, daß die drei ersten und die drei letzten Blätter je in einem „dreigliedrigen Zyklus" zusammenhängen, d. h. durch alleiniges Umkreisen von a

bleibt man stets in der einen oder stets in der andern der beiden Blättergruppen.) Umkreist man a und b gleichzeitig, so vermindert sich der arc des Radikanden der Kubikwurzel um 2π; längs $b \dots c$ ist also gemäß $\begin{pmatrix} 1\,2\,3\,4\,5\,6 \\ 3\,1\,2\,6\,4\,5 \end{pmatrix}_b$ zusammenzufügen, was wieder 2 dreigliedrige Zyklen ergibt. Umläuft man alle 3 Punkte gleichzeitig, so verhält sich die Kubikwurzel wie eben, aber die Quadratwurzel ändert noch das Zeichen. Also ist längs $c \dots \infty$ gemäß $\begin{pmatrix} 1\,2\,3\,4\,5\,6 \\ 6\,4\,5\,3\,1\,2 \end{pmatrix}_c$ zusammenzufügen. Wir haben also eine sechsblättrige Fläche mit 4 Verzweigungen in a, b, c, ∞. Indem man auch b, c und ∞ einzeln umkreist, ergibt sich noch genauer, daß in a und b je 2 dreiblättrige Verzweigungspunkte übereinanderliegen; die ersten 3 und die letzten 3 Blätter bilden je einen Zyklus. In c liegen 3 zweiblättrige Verzweigungspunkte übereinander; das 1. und 4., das 2. und 5. sowie das 3. und 6. Blatt bilden je einen zweiblättrigen Zyklus. In ∞ hängen alle 6 Blätter zusammen und bilden dort einen einzigen sechsgliedrigen Zyklus.

h) Eine n-blättrige Fläche. Die Funktionswerte unterscheiden sich um Potenzen von $\omega = e^{\frac{2\pi i}{n}}$ als Faktoren. Heften wir demgemäß w an das 1. Blatt, ωw an das 2., $\dots, \omega^{n-1} w$ an das n^{te}, so lehren die gleichen Erwägungen wie bisher, daß längs $a \dots b$ gemäß $\begin{pmatrix} 1, 2, \dots, n-1, n \\ 2, 3, \dots, \quad n, \quad 1 \end{pmatrix}_a$, längs $b \dots c$ gemäß $\begin{pmatrix} 1, \dots, & n-2, & n-1, & n \\ 3, \dots, & n, & 1, & 2 \end{pmatrix}_b$ und längs $c \dots \infty$ gemäß $\begin{pmatrix} 1, 2, \dots, n \\ 4, 5, \dots, 3 \end{pmatrix}_c$ zusammenzuheften ist. Wir erhalten also 4 n-blättrige Verzweigungspunkte in a, b, c, ∞. — Eine positive Umkreisung von a oder b oder c führt jedesmal in das folgende Blatt (auf das n^{te} „folgt“

natürlich das 1te), eine positive Umkreisung von ∞ (d. h. eine solche, die ∞ zur Linken läßt) führt vom k^{ten} Blatt ins $(k-3)^{\text{te}}$.

2. a) Unendlich viele Blätter. Verzweigungen in a und ∞. Breiten wir in einem „nullten“ Blatt gemäß der Vorbemerkung einen Zweig der Funktion aus, den wir mit w bezeichnen, so ist in den andern Blättern $w + 2k\pi i$, $k = \pm 1, \pm 2, \ldots$ anzuheften. Die Blätter lassen wir durch den Wert von k numeriert sein und legen die mit größerem k über die mit kleinerem k. Die Blätter sind dann gemäß $\binom{k}{k+1}_a$ zusammenzuheften. Die Fläche ist offenbar wie die von $\log z$ gebaut, nur daß die Verzweigungen in a und ∞ statt in 0 und ∞ liegen.

b) Unendlich viele Blätter. Etwaige Verzweigungen in a, b und ∞. Funktionswerte wieder $w + 2k\pi i$, $k = 0, \pm 1, \pm 2, \ldots$, die entsprechend im k^{ten} Blatt angeheftet werden. Dann ist längs $a \ldots b$ wieder gemäß $\binom{k}{k+1}_a$, längs $b \ldots \infty$ aber gemäß $\binom{k}{k+2}_b$ zusammenzufügen, da sich bei gleichzeitiger Umkreisung von a und b sowohl $\operatorname{arc}(z-a)$ als $\operatorname{arc}(z-b)$ um 2π vermehren.

c) Ähnlich wie bei b). Da aber bei gleichzeitiger Umkreisung von a und b sich $\operatorname{arc}\left(\frac{z-a}{z-b}\right)$ nicht ändert, sind längs $b \ldots \infty$ in jedem einzelnen Blatt für sich die Ränder zusammenzufügen. In ∞ liegt kein Verzweigungspunkt, alle Blätter verlaufen dort getrennt.

d) $\log(1+z^2) = \log(z-i)(z+i)$ nach b) zu erledigen.

e) $\operatorname{arc}\operatorname{tg} z = \frac{i}{2}\log\frac{i+z}{i-z}$ nach c) zu erledigen.

3. a) Wegen $z^i = e^{i \log z}$ genau die Fläche für $\log z$. Einmalige positive Umlaufung des Nullpunktes versieht den Funktionswert mit dem Faktor $e^{-2\pi}$.

b) Ebenso. Der hinzutretende Faktor ist $e^{-2\beta\pi + 2\alpha\pi i}$, wenn $a = \alpha + i\beta$ gesetzt wird.

4. a) $w = \sqrt[3]{z+1}$. Die Fläche ist nach Aufg. 1a zu konstruieren.

b) Es ist $w = \frac{1}{2}\left(z + \sqrt{(z-2)(z+2)}\right)$. Wir haben also nach K II, § 12, eine zweiblättrige Fläche mit Verzweigungen in $+2$ und -2. Einmalige Umkreisung genau eines dieser Punkte führt von w zu $-w + z = \frac{1}{w}$, zweimalige also zurück nach w.

An Stelle dieser direkten Behandlung kann auch die folgende treten: Die (implizit) vorgelegte Funktion ist invers zu $z = z(w) = w + \frac{1}{w}$, die in Bi, § 12, genau untersucht ist (mit vertauschten Buchstaben). Läuft w geradlinig von $-\infty$ nach -1, so läuft z ebenso von $-\infty$ nach -2. Geht w weiter von -1 längs der oberen Hälfte des Einheitskreises nach $+1$, so geht z von -2 geradlinig weiter nach $+2$. Geht w endlich von $+1$ geradlinig nach $+\infty$, so geht z ebenso von $+2$ nach $+\infty$. Hiernach (vgl. § 20, Aufg. 3 u. 4, und Bi, § 9) wird das Gebiet $|w| > 1$ der oberen Halbebene auf die obere z-Halbebene abgebildet. Ebenso erkennt man (oder einfacher nach dem Spiegelungsprinzip Bi, § 10), daß das Gebiet $|w| < 1$ der oberen Halbebene auf die untere z-Halbebene abgebildet wird. Wir denken uns nun an jeden Punkt z der z-Ebene denjenigen Wert w angeheftet, für den dies z erhalten wurde. Es ist dies einer der beiden Werte der vorgelegten Funktion $w = w(z)$, und zwar derjenige, für den $\mathfrak{J}(w) \geqq 0$ ist. Die beiden Strecken $-\infty \cdots -2$ und $+2 \cdots +\infty$ erscheinen dann doppelt belegt. Wir schneiden demgemäß die z-Ebene längs dieser Strecken auf und belegen beide Ränder. (Oder man belegt die beiden z-Halbebenen einzeln und heftet sie längs der allein gleichbelegten Randstrecke $-2 \cdots +2$ aneinander.)

Genau ebenso (oder wieder durch Spiegelung an der reellen w-Achse) erkennt man, daß auch die untere w-Halbebene auf ein ebensolches z-Blatt abgebildet wird. Nur wird jetzt der innere Halbkreis des w-Einheitskreises auf die obere und der äußere auf die untere z-Halbebene abgebildet. Auch in diesem z-Blatt heften wir an jede Stelle z denjenigen Wert w, für den dies z erhalten wurde.

Beide z-Blätter legen wir übereinander und heften sie mit den gleichbelegten Schnitträndern, also einfach „über Kreuz", aneinander, was die Fläche vollendet. — Ist an einem Punkte z des einen Blattes der Wert w angeheftet, so erhält man den am gleichen Punkt z des andern Blattes angehefteten Wert, indem man w erst am Einheitskreise, dann den erhaltenen Punkt an der reellen Achse spiegelt. Es ist also der Wert $\frac{1}{w}$.

c) Wir verfahren wie bei der vorigen Aufgabe, untersuchen also zuerst die inverse Funktion $z = z(w) = w^n + w^{-n}$ Nach den Erörterungen zur vorigen Aufgabe ist sofort klar: Betrachtet man (man mache sich wieder ausführliche. Skizzen) den Sektor $0 \leqq \text{arc}\, w \leqq \frac{\pi}{n}$ und durchläuft w den Rand des außerhalb $|w| = 1$ gelegenen Teiles desselben, in ∞ beginnend und so, daß das Innere dieses Gebietes zur Linken bleibt, so durchläuft z die reelle Achse von links nach rechts. Durchläuft w ebenso, bei 0 beginnend, den Rand des innerhalb $|w| = 1$ gelegenen Teiles des Sektors so durchläuft w die reelle Achse von rechts nach links. Also wird — die Begründung ist genau die gleiche wie bei b) — der ganze Sektor ein-eindeutig auf ein genau solches z-Blatt abgebildet, wie es bei b) betrachtet wurde. In genau gleicher Weise werden die Sektoren $(k-1)\frac{\pi}{n} \leqq \operatorname{arc} w \leqq k\frac{\pi}{n}$, $k = 1, 2, \ldots, 2n$ auf ebensolche z-Blätter abgebildet, die wir nach dem Werte von k numerieren. In jedem Punkt z jedes Blattes denken wir uns nun wieder den Wert w angeheftet, für den dies z erhalten wurde. Diese $2n$ Blätter legen wir übereinander (das erste etwa zu unterst) und heften sie mit den gleichbelegten Rändern aneinander. Die Figur in der w-Ebene, in der die Halbstrahlen $\operatorname{arc} w = (k-1)\frac{\pi}{n}$, $k = 1, 2, \ldots, 2n$, abwechselnd die beiden Strecken $+2 \ldots +\infty$ und $-2 \ldots -\infty$ liefern (jede doppelt), lehrt nun sofort, daß das erste z-Blatt längs $-\infty \ldots -2$ mit dem zweiten Blatt, längs $+2 \ldots +\infty$ mit dem $(2n)^{\text{ten}}$ Blatt aneinander zu heften ist. Allgemein ist jedes Blatt mit ungerader Nummer längs $-\infty \ldots -2$ mit dem folgenden, längs $+2 \ldots +\infty$ mit dem vorangehenden aneinanderzuheften. Bei gerader Nummer ist es umgekehrt zu machen. Nach der in den Vorbemerkungen zu Aufg. 1 und 2 angegebenen Bezeichnungsweise sind also längs der Schnitte $-2 \ldots -\infty$ bzw. $+2 \ldots +\infty$ die $2n$ Blätter gemäß

$$\begin{pmatrix} 1, 2; & 3, 4; & \ldots; & 2n-1, & 2n \\ 2, 1; & 4, 3; & \ldots; & 2n, & 2n-1 \end{pmatrix}_{(-2)}$$

bzw.

$$\begin{pmatrix} 1; & 2, 3; & \ldots; & 2n-2, 2n-1; & 2n \\ 2n; & 3, 2; & \ldots; & 2n-1, 2n-2; & 1 \end{pmatrix}_{(+2)}$$

aneinanderzuheften. Eine gleichzeitige positive Umkreisung

beider Punkte, oder also eine negative von ∞, führt von Blatt 1 nach Blatt 3, von 3 nach 5, ..., von $2n-1$ nach 1, und ebenso von 2 nach 4, ..., von $2n-2$ nach $2n$, von $2n$ wieder nach 2. Während in $+2$ und -2 je n zweiblättrige Verzweigungspunkte (n zweigliedrige Zyklen) übereinanderliegen, liegen in ∞ umgekehrt zwei n-blättrige Verzweigungspunkte (zwei n-gliedrige Zyklen) übereinander. (Daß sich diese Zyklen in der beschriebenen Weise durchsetzen, stört natürlich gar nicht. Vgl. K II, S. 91, Fußnote.)

d) Wir betrachten ähnlich wie bei den beiden vorangehenden Aufgaben zunächst die inverse Funktion $z = z(w) = w^3 - 3w$. Um zu erkennen, welche Gebiete der w-Ebene auf die obere und untere z-Halbebene abgebildet werden, setzen wir $w = u + iv$, was

$$\Re(z) = u(u^2 - 3v^2 - 3) \quad \text{und} \quad \Im(z) = v(3u^2 - v^2 - 3)$$

liefert. z wird also reell für $v = 0$ und für $u^2 - \frac{1}{3}v^2 = 1$. Die reelle Achse und diese Hyperbel zerschneiden nun die w-Ebene in 6 Gebiete, die wir folgendermaßen numerieren: Zwischen den Hyperbelästen unten 1, oben 1'; in der rechten Hyperbel oben 2, unten 2'; in der linken oben 3, unten 3'. (Man mache sich wieder eine ausführliche Skizze!) Läßt man nun w den Rand dieser Gebiete durchwandern, stets in ∞ beginnend und so, daß das umlaufene Gebiet jedesmal zur linken liegt, so findet man, daß die ungestrichenen Gebiete die obere, die gestrichenen Gebiete die untere z-Halbebene liefern. Wir nehmen demgemäß drei z-Blätter, zerschneiden sie längs der reellen Achse und nennen die oberen Halbebenen 1, 2, 3, die unteren 1', 2', 3'. An jeden Punkt z jeder dieser Halbebenen heften wir denjenigen Wert w an, dessen Bild er bei der beschriebenen Abbildung ist. (Für jedes z ist dies eine bestimmte der 3 Wurzeln von $w^3 - 3w - z = 0$.) Die Blätter 1, 1' sind dann, wie die Figur in der w-Ebene sofort zeigt, längs der Randstrecke $-2 \ldots +2$ gleichbelegt und werden demgemäß zusammengeheftet, so daß also $-\infty \ldots -2$ und $+2 \ldots +\infty$ Schnitte bleiben. 2 und 2' sind längs derjenigen Randstrecke gleichbelegt, die für $1 \leqq w \leqq +\infty$ erhalten wird, also längs $-2 \ldots 0 \ldots +\infty$, und werden demgemäß dort zusammengeheftet; $-\infty \ldots -2$ bleibt Schnitt. Ebenso sind 3, 3' längs $-\infty \ldots 0 \ldots +2$ zusammenzuheften; $+2 \ldots +\infty$ bleibt Schnitt. Die Figur in der w-Ebene lehrt nun sofort weiter, wie noch diese drei z-Blätter zusammenzufügen sind. Das 1. und 2. Blatt über Kreuz längs $-\infty \ldots -2$, das 1. und 3. Blatt längs $+2 \ldots +\infty$, sonst nichts. In der bisherigen Bezeichnungsweise hängen also die Blätter längs $-\infty \ldots -2$ bzw. $+2 \ldots +\infty$ gemäß

$$\begin{pmatrix} 1 & 2 & 3 \\ 2 & 1 & 3 \end{pmatrix}_{(-2)} \quad \text{bzw.} \quad \begin{pmatrix} 1 & 2 & 3 \\ 3 & 2 & 1 \end{pmatrix}_{(+2)}$$

zusammen. Je ein Blatt verläuft also glatt. Umkreist man beide Punkte gleichzeitig im positiven Sinne (oder also ∞ allein im negativen Sinne), so geht das 1. ins 2., das 2. ins 3., das 3. ins 1. Blatt über; in ∞ hängen also alle 3 Blätter in einem einzigen Zyklus zusammen.

e) Ersetzt man w durch iw und zugleich z durch $-iz$, so geht der vorgelegte Zusammenhang zwischen z und w in $w^3 - 3w - z = 0$, also in den in d) besprochenen über. Man hat also gegenüber d) nur in der z- und w-Ebene je eine Drehung um $\pm \frac{1}{2}\pi$ auszuführen, um die jetzige Lage zu überblicken.

VII. Kapitel.

Konforme Abbildung.

§ 20. Begriff und allgemeine Theorie.

1. a) Um $\operatorname{arc} \dfrac{w_1 - w_0}{z_1 - z_0}$, d. h. der Vektor von z_0 nach z_1 ist im positiven Sinne um diesen Winkel zu drehen, um

dem Vektor von w_0 nach w_1 parallel und gleichgerichtet zu werden.

b) Im Verhältnis $\left|\frac{w_1 - w_0}{z_1 - z_0}\right|$.

2. Nach den allgemeinen Vereinbarungen K I, § 32 und Bi, § 3, dann und nur dann, wenn $1:f(z)$ die Umgebung von z_0 konform auf die des Nullpunktes abbildet. Hat $f(z)$ einen Pol der Ordnung β in z_0, so hat $1:f(z)$ dort eine Nullstelle der Ordnung β. Konformität findet also dann und nur dann statt, wenn der Pol von $f(z)$ in z_0 von der 1. Ordnung ist. b) Hier haben wir $1:f\left(\frac{1}{z'}\right)$ bei $z' = 0$ zu prüfen. Hat aber $f(z)$ in $z = \infty$ einen Pol der Ordnung β, so hat diese neue Funktion in $z' = 0$ eine Nullstelle der Ordnung β. Konformität findet also dann und nur dann statt, wenn der Pol von der 1. Ordnung ist. c) Konformität findet dann und nur dann statt, wenn $z = \infty$ eine w_0-Stelle der 1. Ordnung ist.

3. Satz und Beweis sind sehr ähnlich den in Bi, § 9 gegebenen. Es sei $\mathfrak{G}'$ die Menge der Werte $w = f(z)$ für die z aus $\mathfrak{G}$ und auf $\mathfrak{C}$. Es sei ω ein Randpunkt dieser Menge. Dann gibt es eine Punktfolge (w_n) in $\mathfrak{G}'$, die $\to \omega$ strebt. Es seien die z_n so gewählt, daß $f(z_n) = w_n$. Sie liegen in $\mathfrak{G}$ oder auf $\mathfrak{C}$ und haben daher dort mindestens einen Häufungspunkt ζ. Es muß $f(\zeta) = \omega$ sein. Daher kann ζ nicht innerhalb $\mathfrak{G}$ liegen, da sonst eine volle Umgebung von ζ auf eine volle Umgebung von ω abgebildet würde; ω sollte aber Randpunkt sein. Also liegt ζ auf $\mathfrak{C}$ und folglich ω auf $\mathfrak{C}'$. Dann hat aber $\mathfrak{G}'$ überhaupt keinen Punkt außerhalb $\mathfrak{C}'$. Denn läge etwa w_0 aus $\mathfrak{G}'$ außerhalb $\mathfrak{C}'$ und ist $\mathfrak{p}$ ein Polygonzug, der w_0, ohne $\mathfrak{C}'$ zu treffen, mit ∞ verbindet, so müßte, da $f(z)$ in $\mathfrak{G}$ beschränkt ist, auf $\mathfrak{p}$ ein Randpunkt von $\mathfrak{G}'$ liegen, was unmöglich, da $\mathfrak{p}$ die Kurve

$\mathfrak{C}'$ nicht trifft. Also liegt $\mathfrak{G}'$ ganz innerhalb und auf $\mathfrak{C}'$. Ist nun w_1 ein beliebiger Punkt innerhalb $\mathfrak{C}'$, so ist

$$1 = \frac{1}{2\pi i} \int^{(\mathfrak{C}')} \frac{dw}{w - w_1} = \frac{1}{2\pi i} \int^{(\mathfrak{C})} \frac{f'(z)}{f(z) - w_1} dz,$$

d. h. w_1 wird von $f(z)$ innerhalb $\mathfrak{C}$ genau einmal angenommen. $\mathfrak{G}'$ füllt also das Innere von $\mathfrak{C}'$ genau einmal aus. (Der noch denkbare Fall, daß ein z innerhalb $\mathfrak{G}$ sein Bild w auf dem Rande $\mathfrak{C}'$ von $\mathfrak{G}$ hätte, ist durch den Satz von der Gebietstreue [Bi, § 1] ausgeschlossen.)

4. Man erledigt diese Erweiterungen des vorigen Satzes durch geeignete Transformationen mittels reziproker Radien. — a) Es gehe zunächst nur $\mathfrak{C}'$ durch ∞. Auch dann teilt $\mathfrak{C}'$ die Ebene in zwei Gebiete und $\mathfrak{G}'$ liegt wieder nur in dem einen der beiden. Sei w_1 ein Punkt im Innern des andern und $R > 0$ so gewählt, daß $\mathfrak{G}'$ und $\mathfrak{C}'$ ganz außerhalb $|w - w_1| = R$ liegen. Setzt man nun $\omega = \dfrac{R^2}{w - w_1}$, so erhält man statt $\mathfrak{C}'$ eine ganz im Endlichen liegende Kurve Γ', auf die nun der Satz der vorigen Aufgabe angewendet werden kann. — War z_0 der Punkt von $\mathfrak{C}$, der nach ∞ geworfen wurde, so soll jetzt $\dfrac{R^2}{f(z) - w_1}$ in z_0 regulär und $= 0$ sein. Das bedeutet aber, daß $f(z)$ in z_0 nur einen Pol haben durfte. — b) Geht auch $\mathfrak{C}$ durch ∞, so führt eine Transformation der Form $\zeta = \dfrac{r^2}{z - z_1}$ auf den bisherigen Fall zurück. Die Voraussetzung der Regularität in dem auf $\mathfrak{C}$ gelegenen Punkt ∞ ist also gemäß K I, § 32 zu verstehen. Spielt ∞ jetzt die Rolle des in a) benutzten Punktes z_0, so darf $f(z)$ in ∞ nur einen Pol haben.

5. Es sei $z_0, z_1, \ldots, z_n$ eine Einteilung von $\mathfrak{k}$ wie in K I, § 8, es sei $f(z_\nu) = w_\nu$ und also $w_0, w_1, \ldots, w_n$ eine Einteilung

der stetigen Kurve $\mathfrak{k}'$, endlich sei M eine Schranke von $|f'(z)|$ längs $\mathfrak{k}$. Dann ist wegen

$$|w_\nu - w_{\nu-1}| = \left| \int_{z_{\nu-1}}^{z_\nu} f'(z)\,dz \right| \leqq |z_\nu - z_{\nu-1}| \cdot M$$

$\sum |w_\nu - w_{\nu-1}|$ zugleich mit $\sum |z_\nu - z_{\nu-1}|$ beschränkt. Da man sich leicht überzeugt, daß jede Einteilung von $\mathfrak{k}'$ auf diese Art erhalten werden kann, so ist $\mathfrak{k}'$ rektifizierbar, also ein Weg. — Nach § 4, Aufg. 2, kann genauer $w_\nu - w_{\nu-1} = (z_\nu - z_{\nu-1}) \cdot f'(\zeta_\nu')$ gesetzt werden, wo ζ_ν' einen Punkt bedeutet, der bei Verfeinerung der Einteilung sich gleichmäßig für alle ν dem Punkte z_ν nähert. Bezeichnet also ζ_ν irgendeinen Punkt auf dem Stück $z_{\nu-1}, \ldots, z_\nu$ des Weges $\mathfrak{k}$, so ist

$$\lim_{n\to\infty} \sum_{\nu=1}^{n} |w_\nu - w_{\nu-1}| = \lim_{n\to\infty} \sum_{\nu=1}^{n} |z_\nu - z_{\nu-1}| \cdot |f'(\zeta_\nu)|$$

und folglich im Sinne von § 4, Aufg. 3

$$\mathfrak{k}' = {}^{(\mathfrak{k})}\!\!\int |f'(z)| \cdot |dz|.$$

6. In $|z| < r$ sei $f(z) = \sum_{n=0}^{\infty} a_n z^n$. Führt man die für eine Reihe $z + a_2 z^2 + \cdots$ in Bi, § 19, S. 94/95 angegebene Rechnung für den jetzigen Fall durch, so erhält man ganz analog

$$J(\varrho) = (|a_1|^2 \varrho^2 + 2|a_2|^2 \varrho^4 + \cdots + n|a_n|^2 \varrho^{2n} + \cdots)\pi.$$

Die etwaigen Nullstellen von $f'(z)$ bedeuten für die Transformationsdeterminante des Doppelintegrals (Bi, S. 94) nur, daß sie an (endlich vielen) isolierten Punkten 0, sonst stets > 0 ist. Man kann daher den Kreis in endlich viele Teilbereiche so zerlegen, daß für jeden einzelnen Teil die Abbildung schlicht und also die Transformation des Doppelintegrals nach den klassischen Sätzen der Integralrechnung erlaubt ist. — Gilt die Formel bzw. inwieweit gilt die Formel auch noch für $\varrho = r$?

7. Das Verhältnis ist $= \frac{J(\varrho)}{\varrho^2 \pi}$ und strebt also $\to |a_1|^2$. Nach den Ausführungen zur vorigen Aufgabe gilt dies auch für $a_1 = 0$.

8. a) Nach Aufg. 5 gleich dem längs $|z| = r$ genommenen Integral $\int |f'(z)| \, |dz|$.

b) Nach Aufg. 6 und Bi, § 19, gleich dem über die Kreisscheibe $|z| \leqq r$ der xy-Ebene erstreckten Flächenintegral $\int |f'(z)|^2 dx dy$.

c) = Richtungswinkel der Tangente an den Kreis + Verdrehung $= \operatorname{arc} z + \frac{\pi}{2} + \operatorname{arc} f'(z) = \operatorname{arc}(i z f'(z))$.

d) Definitionsgemäß ist, wenn $z = re^{i\varphi}$ gesetzt wird, die Krümmung gleich der Ableitung der Tangentenrichtung nach φ, dividiert durch die Ableitung der Bildbogenlänge nach φ. Die Tangentenrichtung ist nach c)

$$= \operatorname{arc}(i z f'(z) = \mathfrak{J}(\log iz f'(z)).$$

Ihre Ableitung nach φ ist also

$$= \mathfrak{J}\left(\frac{d}{dz}(\log iz f'(z)) \cdot \frac{dz}{d\varphi}\right) = \mathfrak{J}\left(\frac{z f''(z) + f'(z)}{z f'(z)} \cdot iz\right)$$

$$= \mathfrak{R}\left(1 + z\frac{f''(z)}{f'(z)}\right).$$

Die Ableitung der Bildbogenlänge nach φ ist nach a)

$$= |f'(z)| \cdot |z| \text{ (Beweis?)}.$$

Also ist die gesuchte Krümmung

$$= \frac{\mathfrak{R}\left(1 + z\frac{f''(z)}{f'(z)}\right)}{|z f'(z)|}$$

9. Da bei den Fragen a), c) und d) nur die Regularität für $|z| = r$ in Betracht kam, so ändert sich hier gar nichts.

b) Ist $f(z) = a_0 + \frac{a_1}{z} + \frac{a_2}{z^2} + \cdots$ für $|z| \geqq r$, so ist das Bild dieses Gebietes identisch mit dem Bilde von $|z'| \leqq \frac{1}{r}$ durch die Funktion $\varphi(z') = a_0 + a_1 z' + a_2 z'^2 + \cdots$. Nach Aufg. 6 ist also der Inhalt des Bildes

$$= \left(\frac{|a_1|^2}{r^2} + 2\frac{|a_2|^2}{r^4} + \cdots + n\frac{|a_n|^2}{r^{2n}} + \cdots \right)\pi.$$

10. Da $\varphi(\zeta)$ eine ein-eindeutige Abbildung vermitteln soll, ist $\varphi'(\zeta) \neq 0$ in $|\zeta| < 1$, also die inverse Funktion $\Phi(w)$ innerhalb $\mathfrak{G}$ regulär und ihre dortigen Funktionswerte sind dem Betrage nach < 1. Daher ist $\Phi(f(z)) = F(z)$ in $|z| < 1$ regulär, und es ist dort $|F(z)| < 1$. Endlich ist $F(0) = \Phi(w_0) = 0$. Die Anwendung des Schwarzschen Lemmas auf $F(z)$ liefert, daß $|F(z)| \leqq |z|$ ist in $|z| < 1$, und daß das Gleichheitszeichen nur eintreten kann, falls $F(z)$ für ein festes α die Form $e^{i\alpha}z$ hat. Ist nun $|z| \leqq \varrho < 1$, so ist dort auch $|F(z) \leqq |z| \leqq \varrho$ und folglich liegt $\varphi(F(z)) = f(z)$ in $\overline{\mathfrak{G}}_\varrho$, und zwar in seinem Innern, außer wenn $F(z) = e^{i\alpha}z$, also $f(z) = \varphi(e^{i\alpha}z)$ ist.

11. Durch $w = \varphi(z) = \frac{-\overline{w}_0 z + w_0}{z+1} = -u_0\frac{z-1}{z+1} + iv_0$ wird $|z| < 1$ auf $\mathfrak{G}$, d. h. auf $\Re(w) > 0$ so abgebildet, daß 0 nach w_0 kommt. Der Kreis $|z| \leqq \varrho$ geht dabei in einen Kreis $\mathfrak{G}_\varrho$ über, der über der Strecke $u_0\frac{1-\varrho}{1+\varrho} + iv_0 \ldots u_0\frac{1+\varrho}{1-\varrho} + iv_0$ als Durchmesser steht. Ist also $f(z)$ eine in $|z| < 1$ reguläre Funktion, deren dortige Werte in $\mathfrak{G}$ liegen, so liegen sie sogar in $\overline{\mathfrak{G}}_\varrho$, falls $|z| \leqq \varrho$ ist. Wegen der angegebenen Lage von $\overline{\mathfrak{G}}_\varrho$ ist die Behauptung damit schon bewiesen. Das Gleichheitszeichen kann nur bei $f(z) = \varphi(e^{i\alpha}z)$ gültig sein.

12. Da der Radius des Kreises $\overline{\mathfrak{G}}_\varrho$ gleich $\frac{2\varrho u_0}{1-\varrho^2}$ ist, so ist offenbar

$$v_0 - \frac{2\,\varrho\,u_0}{1-\varrho^2} \leqq \mathfrak{J}\,f(z) \leqq v_0 + \frac{2\,\varrho\,u_0}{1-\varrho^2}$$

und

$$|\,f(z)\,| \leqq |\,u_0 + iv_0\,| + \frac{4\,\varrho\,u_0}{1-\varrho^2}.$$

13. Es sei $|\,z_1\,| < 1$, $|\,z_2\,| < 1$ und $z_1 \neq z_2$. Dann ist

$$\frac{f(z_2)-f(z_1)}{z_2-z_1} = a_1 + a_2(z_2+z_1) + \cdots$$
$$+ a_n(z_2^{n-1} + z_2^{n-2}z_1 + \cdots + z_1^{n-1}) + \cdots.$$

Also $$\left|\frac{f(z_2)-f(z_1)}{z_2-z_1}\right| > |\,a_1\,| - 2\,|\,a_2\,| - 3\,|\,a_3\,| - \cdots \geqq 0$$

und somit $f(z_1) \neq f(z_2)$. -- Die Funktion $f(z)$ aus § 18, Aufg. 6 bietet ein Beispiel zu diesem Satz.

14. Ist $\lim f_n(z) = f(z)$, so ist $f(z)$ jedenfalls innerhalb $\mathfrak{G}$ regulär. Es seien z_1 und z_2 in $\mathfrak{G}$ gelegen und $z_1 \neq z_2$. Die Folge der Funktionen $f_n(z) - f_n(z_1)$ konvergiert, und zwar gleichmäßig in jedem Teilgebiet $\mathfrak{G}'$, gegen die Funktion $f(z) - f(z_1)$. Nach dem Satz aus § 5, Aufg. 4, hat diese Funktion keine andern Nullstellen in $\mathfrak{G}$ als die dortigen Häufungsstellen von Nullstellen von $f_n(z) - f_n(z_1)$. Diese Funktionen verschwinden aber wegen der Schlichtheit der $f_n(z)$ nur für $z = z_1$. Also ist $f(z_2) - f(z_1) \neq 0$.

15. Ist $f(z)$ ungerade, so ist $(f(z))^2$ eine gerade Funktion, also eine in $|\,\zeta\,| < 1$ reguläre Funktion von $\zeta = z^2$. Es sei $(f(z))^2 = \varphi(\zeta)$. Diese Funktion ist wieder schlicht. Denn ist $|\,\zeta_1\,| < 1$, $|\,\zeta_2\,| < 1$, $\zeta_1 \neq \zeta_2$, so ist, wenn z_1 und z_2 je eine Quadratwurzel aus ζ_1 und ζ_2 bedeutet, auch $z_1 \neq \pm z_2$, also $f(z_1) \neq \pm f(z_2)$ und folglich $\varphi(\zeta_1) \neq \varphi(\zeta_2)$. Wendet

man nun auf $\varphi(\zeta)$ die Bi, S. 116 bewiesene Ungleichung an, so folgt für $|\zeta| < 1$

$$\frac{|\zeta|}{(1+|\zeta|)^2} \leqq |\varphi(\zeta)| \leqq \frac{|\zeta|}{(1-|\zeta|)^2}.$$

Führt man wieder z und $f(z)$ ein, so steht die Behauptung da.

16. Sind $w = f(z)$ und $w = \varphi(z)$ zwei Funktionen, die beide die in der Aufgabe beschriebene Abbildung leisten, und ist $z = \bar{\varphi}(w)$ die zu $w = \varphi(z)$ inverse Funktion, so bildet $f(\bar{\varphi}(w))$ einen Kreis um 0 so auf einen andern Kreis um 0 ab, daß der Mittelpunkt fest bleibt. Daher ist nach Bi, § 5, 4

$$f(\bar{\varphi}(w)) = c \cdot w, \quad \text{d. h.} \quad f(z) = c \cdot \varphi(z).$$

Der Vergleich der Ableitungen in $z = a$ zeigt, daß $c = +1$ ist. Die Abbildungen sind also identisch; die Größe des Bildkreises liegt eindeutig fest.

§ 21. Besondere Abbildungsaufgaben.

1. Bildet man nach I, § 12, Aufg. 20 $\mathfrak{K}_1$ und $\mathfrak{K}_2$ auf konzentrische Kreise $\mathfrak{K}_1'$ und $\mathfrak{K}_2'$ ab, so gehen die k_ν in kongruente Kreise über, deren Kreisscheiben in dem Ringgebiet zwischen $\mathfrak{K}_1'$ und $\mathfrak{K}_2'$ liegen und diese beiden Kreise berühren. Je nachdem nun der konstante Winkel, unter dem diese Bilder der $\mathfrak{k}_\nu$ vom Nullpunkt aus erscheinen, zu 2π in rationalem Verhältnis steht oder nicht, wird sich die Kette schließen oder nicht. Ist das genannte Verhältnis $= p:q$ (p, q ganz und teilerfremd), so schließt sich die Kette mit dem Kreise $\mathfrak{k}_q$. — Wie man sieht, ist die Lösung wesentlich leichter als die präzise Formulierung der Aufgabe.

2. Durch eine Translation bringe man zunächst z_1 nach 0 und durch eine nachfolgende Drehung um 0 den Mittelpunkt von $\mathfrak{K}_2$ auf die positiv-reelle Achse, d. h. man bilde

die z-Ebene durch $\zeta = \frac{|z_2 - z_1|}{z_2 - z_1}(z - z_1)$ zunächst auf eine Hilfsebene ab. Die zu den Schnittpunkten beider Kreise mit der reellen Achse simultan konjugierten Punkte ζ_0 und ζ_0' berechnen sich nun als $\zeta_0 = -\frac{2}{15}$ und $\zeta_0' = -\frac{32}{15}$. Bringt man diese durch $w = \frac{\zeta - \zeta_0}{\zeta - \zeta_0'}$ nach 0 und ∞, so erhält man als Bilder von $\mathfrak{K}_1$ und $\mathfrak{K}_2$ zwei Kreise um 0 mit den Radien $R_1 = \frac{1}{4}$ und $R_2 = \frac{3}{4}$. Nun muß $\frac{1}{\pi}$ arc sin $\frac{R_2 - R_1}{R_2 + R_1}$ eine rationale Zahl $\frac{p}{q}$ sein. Da sich $\frac{p}{q} = \frac{1}{6}$ ergibt, so schließt sich die Kette der $\mathfrak{k}_\nu$ stets mit dem sechsten Kreise, wie man auch mit $\mathfrak{k}_1$ und $\mathfrak{k}_2$ anfangen mag.

3. Wegen der Gruppeneigenschaft der linearen Funktionen (Elem., § 19) ist jedes $z^{(n)}$ eine lineare Funktion von z. Diese haben offenbar für jedes n wieder dieselben Fixpunkte. Die quadratischen Gleichungen (Elem., § 20) $c_n z^2 + (d_n - a_n)z - b_n = 0$ haben also für jedes n dieselben Wurzeln wie $cz^2 + (d - a)z - b = 0$. Daraus folgt die Behauptung. — Bringt man nach I, § 12, Aufg. 21 die Abbildung auf die Fixpunktnormalform, so läßt die zu dieser Aufgabe gegebene ausführliche Lösung (s. auch Elem., § 20) sofort erkennen, wie eine n-malige Wiederholung derselben Abbildung wirkt.

4. Wir legen ein räumliches $\xi\eta\zeta$-Koordinatensystem so, daß die ξ- und die η-Achse bzw. mit der x- und der y-Achse der z-Ebene zusammenfallen und daß die ζ-Achse in 0 senkrecht auf der z-Ebene steht. Dann lautet die Gleichung der Zahlenkugel $\xi^2 + \eta^2 + \zeta(\zeta - 1) = 0$ und die Gleichungen der Geraden vom Nordpol durch den Kugelpunkt $\xi_0\eta_0\zeta_0$ lauten in Parameterdarstellung $\xi = \xi_0(1 + t)$, $\eta = \eta_0(1 + t)$, $\zeta = \zeta_0 + (\zeta_0 - 1)t$. Für

$t = \zeta_0 : (1 - \zeta_0)$ wird $\zeta = 0$ und folglich ist, wenn wir noch den Index 0 unterdrücken,

$$x = \frac{\xi}{1-\zeta}, \qquad y = \frac{\eta}{1-\zeta},$$

$$dx = \frac{(1-\zeta)d\xi + \xi d\zeta}{(1-\zeta)^2}, \quad dy = \frac{(1-\zeta)d\eta + \eta d\zeta}{(1-\zeta)^2}.$$

Die Konformität der Abbildung verlangt nun, daß die vom Punkte $z = x + iy$ der z-Ebene und vom Punkte $\xi\eta\zeta$ der Kugel ausgehenden Linienelemente in den beiden Flächen in einem Verhältnis zueinander stehen, das nur von der Lage des Punktepaares und nicht von der Richtung des Linienelementes abhängt. Es ist aber, wenn noch die Kugelgleichung berücksichtigt wird.

$$dx^2 + dy^2 = (d\xi^2 + d\eta^2 + d\zeta^2) : (1-\zeta)^2,$$

worin der Beweis der Behauptung liegt.

5. Benutzen wir λ und β als Parameter, so ist, wenn wir noch den gemeinsamen Faktor R überall fortlassen,

$$\xi = \cos\beta \cos\lambda, \qquad \eta = \cos\beta \sin\lambda, \qquad \zeta = \sin\beta$$

die Gleichung der Kugel. Hiernach ist

$$d\xi^2 + d\eta^2 + d\zeta^2 = d\beta^2 + \cos^2\beta \, d\lambda^2.$$

Und ganz direkt ergibt sich

$$dx^2 + dy^2 = d\lambda^2 + \frac{d\beta^2}{\cos^2\beta} = \frac{d\xi^2 + d\eta^2 + d\zeta^2}{\cos^2\beta},$$

was die Konformität beweist.

6. Durch $z' = 4z + 1$ wird der Beginn des Schnittes nach 0 und der bisherige Nullpunkt nach $+1$ verlegt. $z'' = \sqrt{z'} = \sqrt{4z+1}$ macht aus dem neuen Gebiete die rechte Halbebene, falls wir den Hauptwert der Wurzel nehmen. Durch $w = \dfrac{z''-1}{z''+1}$ wird diese Halbebene auf

den Einheitskreis der w-Ebene abgebildet. Also leistet die Funktion

$$w = \frac{\sqrt{4z+1}-1}{\sqrt{4z+1}+1} \quad \text{oder} \quad z = \frac{w}{(1-w)^2}$$

das Verlangte, da sie überdies in $z = 0$ verschwindet und ihre Ableitung dort $= 1$ ist. — Es ist dies diejenige Abbildung, der bei vielen Fragen (Bi, § 22) eine Sonderrolle zukommt.

7. Die Gleichung kann in der Form

$$a\left(w + \frac{b}{2a}\right)^2 = z + \frac{b^2 - 4ac}{4a}$$

geschrieben werden. Setzt man also

$$\sqrt{a}\left(w + \frac{b}{2a}\right) = w', \quad z + \frac{b^2 - 4ac}{4a} = z',$$

so ist einfach $w'^2 = z'$, $w' = \sqrt{z'}$ zu untersuchen. Wir haben also eine zweiblättrige Fläche mit den Verzweigungen in $-\frac{b^2 - 4ac}{4a}$ und ∞. Geht z in den ersten dieser Punkte, so geht w nach $-\frac{b}{2a}$; umläuft ihn z einmal, so geht w' in $-w'$, d. h. w in $-w-\frac{b}{a}$ über, also in denjenigen Punkt, der zu w spiegelbildlich in bezug auf den Punkt $-\frac{b}{2a}$ gelegen ist.

8. Durch $z' = \frac{z+2}{z-2}$ wird der Schnitt in die negativ-reelle Achse gebracht, $z'' = \sqrt{z'}$ macht daraus die rechte Halbebene, $w = \frac{z''-1}{z''+1}$ aus ihr den Einheitskreis. Es ist also

$$w = \frac{\sqrt{\frac{z+2}{z-2}}-1}{\sqrt{\frac{z+2}{z-2}}+1} \quad \text{oder} \quad z = w + \frac{1}{w}.$$

Dabei ist der Hauptwert der Wurzel zu nehmen; mit dem andern Wurzelwert wird die Abbildung des gegebenen Bereiches auf das Äußere des Einheitskreises geleistet. (Vgl. Bi, § 12.)

9. Ist $z' = x' + iy'$ Spiegelbild von $z = x + iy$ am Einheitskreis, so liefert

$$x' = \frac{x}{x^2+y^2} = \frac{\cos t}{2a(1-\cos t)}, \quad y' = \frac{y}{x^2+y^2} = \frac{\sin t}{2a(1-\cos t)}$$

oder

$$x' + \frac{1}{4a} = \frac{1}{4a}\operatorname{ctg}^2\frac{t}{2}, \quad y'^2 = \frac{1}{4a^2}\operatorname{ctg}^2\frac{t}{2}$$

oder endlich $y'^2 = \frac{1}{a}\left(x' + \frac{1}{4a}\right)$ das Spiegelbild der Kardioide. Dies ist also eine Parabel mit dem Brennpunkt in 0, dem Scheitel in $-\frac{1}{4a}$. Dem Äußern der Kardioide entspricht das Innere der Parabel, das — wenn wir die Akzente wieder weglassen — durch $\mathfrak{J}(\sqrt{z}) < \frac{1}{2\sqrt{a}}$, $\sqrt{a} > 0$, definiert werden kann. Dieses Parabelinnere wird nach I, § 13, Aufg. 14 durch $\operatorname{tg}^2\left(\frac{\pi\sqrt{a}}{2i}\sqrt{z}\right)$ auf das Innere eines Einheitskreises abgebildet. Daher werden das Äußere der Kardioide in der z-Ebene und das Innere des Einheitskreises in der w-Ebene durch

$$w = \operatorname{tg}^2\left(\frac{\pi\sqrt{a}}{2i}\sqrt{\frac{1}{z}}\right) \text{ bzw. } z = \frac{a\pi^2}{\log^2\left(\frac{i+\sqrt{w}}{i-\sqrt{w}}\right)}$$

aufeinander abgebildet.

10. Sind $\omega = 2\alpha$ und $-i\omega' = 2\beta$ positiv, so wird durch $\wp(z \mid \alpha, i\beta)$ nach § 14, Aufg. 7 das Rechteck $0 \leqq x \leqq \alpha$, $0 \leqq y \leqq \beta$ auf die untere Halbebene abgebildet. Nehmen wir also $\alpha = 4$, $\beta = 2$, so bildet $\wp(z + 2 + i \mid 4, 2i)$ das vorgelegte Rechteck auf die untere Halbebene ab. Also wird es durch

$$w = \frac{\wp(z + 2 + i \mid 4, 2i) + i}{\wp(z + 2 + i \mid 4, 2i) - i}$$

auf den Einheitskreis der w-Ebene abgebildet.

11. Wir werden zeigen, daß durch das Integral $w = \int\limits_0^z t^{-\frac{2}{3}}(1-t)^{-\frac{2}{3}}\,dt$ bei geeigneter Wahl der Bestimmung des Integranden die obere z-Halbebene auf ein gleichseitiges Dreieck der w-Ebene abgebildet wird. Dazu haben wir nur $\operatorname{arc} t$ und $\operatorname{arc}(1-t)$ so festzulegen, daß sie eindeutig und stetig bleiben, solange $\mathfrak{J}(t) \geqq 0$ bleibt (bei $t = 0$ und $+1$ natürlich nur als Grenzwerte). Das ist offenbar der Fall, wenn wir festsetzen, daß stets

$$0 \leqq \operatorname{arc} t \leqq +\pi \quad \text{und} \quad -\pi \leqq \operatorname{arc}(1-t) \leqq 0$$

genommen werden soll. — Ist nun zunächst $z = x$, $0 < x < 1$, so ist, geradlinig genommen,

$$w = \int\limits_0^x t^{-\frac{2}{3}}(1-t)^{-\frac{2}{3}}\,dt.$$

Es bewegt sich w also, wenn x von 0 bis 1 wächst, von 0 an monoton nach rechts bis zum Punkte

$$w = s = \int_0^1 t^{-\frac{2}{3}}(1-t)^{-\frac{2}{3}}\,dt.$$

[Der Wert dieses Eulerschen Integrales erster Gattung läßt sich bekanntlich durch die Γ-Funktion geschlossen angeben. Es ist $s = (\Gamma(\frac{1}{3}))^2 : \Gamma(\frac{2}{3})$.] — Ist jetzt $z = x$, $1 < x < +\infty$, so setzen wir, da die Integrale bei 0 und 1 stetig bleiben,

$$w = s + \int_1^x t^{-\frac{2}{3}}(1-t)^{-\frac{2}{3}}\,dt.$$

Jetzt ist aber $\operatorname{arc}(1-t) = -\pi$, und also $(1-t)^{-\frac{2}{3}} = e^{+\frac{2}{3}\pi i}(t-1)^{-\frac{2}{3}}$, so daß wir

$$w = s + e^{\frac{2\pi i}{3}} \int_1^x t^{-\frac{2}{3}}(t-1)^{-\frac{2}{3}}\,dt$$

erhalten. Das neue Integral ist wieder positiv und wächst, wenn x von $+1$ nach $+\infty$ geht, monoton von 0 bis zum Werte $\int_1^\infty t^{-\frac{2}{3}}(t-1)^{-\frac{2}{3}}\,dt$, der sich durch $t = \frac{1}{u}$ wieder als $= s$ zu erkennen gibt. Also bewegt sich w von $+s$ aus auf dem Strahle mit der Richtung $\frac{2}{3}\pi$ um die Strecke s, gelangt also bis zum Punkte $s\left(1 + e^{\frac{2}{3}\pi i}\right) = s e^{\frac{\pi i}{3}}$. — Ist endlich $z = -x$ und $x > 0$, so ist auf dem geradlinigen Wege von 0 nach z jetzt $\operatorname{arc} t = \pi$, $\operatorname{arc}(1-t) = 0$ zu setzen. Setzt man noch $|t| = \tau$, so wird jetzt

$$w = -e^{-\frac{2}{3}\pi i} \int_0^x \tau^{-\frac{2}{3}}(1+\tau)^{-\frac{2}{3}}\,d\tau.$$

Geht also x von 0 nach $+\infty$, so ist auch dies neue Integral positiv und wächst monoton von 0 bis zum Werte

$\int\limits_0^\infty \tau^{-\frac{2}{3}}(1+\tau)^{-\frac{2}{3}}d\tau$, für den sich durch $\tau = \frac{t}{1-t}$ wieder der Wert s ergibt. Also bewegt sich, wenn z von 0 nach $-\infty$ läuft, w von 0 in der Richtung von $-e^{-\frac{2\pi i}{3}} = e^{\frac{\pi i}{3}}$ um die Strecke s, gelangt also wieder zum Punkte $se^{\frac{\pi i}{3}}$.

Durchläuft also z im positiven Sinne die ganze reelle Achse, so umläuft w im positiven Sinne das gleichseitige Dreieck mit den Ecken $0, s, se^{\frac{\pi i}{3}}$. Also umläuft

$$w = \frac{1}{s}\int\limits_0^z t^{-\frac{2}{3}}(1-t)^{-\frac{2}{3}}dt = f(z)$$

das vorgelegte Dreieck. Die durch dies Integral in der abgeschlossenen oberen Halbebene eindeutig definierte Funktion $f(z)$ bildet also diese Halbebene auf das vorgelegte Dreieck ein-eindeutig und, von den Stellen $0, 1, \infty$ abgesehen, auch konform ab. Die inverse Funktion leistet also die in der Aufgabe verlangte Abbildung.

12. a) Die Vieldeutigkeit kommt durch die Pole des Integranden in $1, \omega, \omega^2$ zustande $\left(\omega = e^{\frac{2\pi i}{3}}\right)$, in denen die Residuen $= \frac{1}{3}, \frac{\omega^2}{3}$ und $\frac{\omega}{3}$ sind. Die Ableitung $f_1'(z)$ verschwindet im Endlichen nur in 0 und von der 1. Ordnung; die Umgebung des Nullpunktes wird also nicht schlicht abgebildet, die dortigen Winkel werden verdoppelt. In der Umgebung von ∞ ist $f_1(z)$, da der Integrand dort von der 2. Ordnung verschwindet, eindeutig und in ∞ selbst regulär (vgl. § 7, Aufg. 8). Wir zerschneiden daher die Ebene nur längs der drei Strecken von 0 nach 1, von 0 nach ω und von 0 nach ω^2. Wir lassen nun z die sechs Schnittränder so durchlaufen, daß die Ebene zur Linken liegt. Lassen wir

1) z längs des oberen Schnittrandes von 0 nach 1 laufen, so dürfen wir w mit 0 beginnen lassen; es geht dann auf der negativ-reellen Achse nach $-\infty$. Da man zu den gegenüberliegenden Punkten desselben Schnittes durch einmalige negative Umlaufung des Poles $+1$ mit dem Residuum $\frac{1}{3}$ gelangt, so sind die dortigen Werte w je um $-2\pi i \cdot \frac{1}{3}$ größer. Geht also 2) z von $+1$ längs des unteren Randes zurück nach 0, so durchläuft w die um $-\frac{2\pi i}{3}$ verschobene negativ-reelle Achse zurück bis zum Punkte $-\frac{2\pi i}{3}$. Geht jetzt 3) z von 0 nach ω^2, so hat die Bahn von z in 0 den Winkel $-\frac{2}{3}\pi$; die von w muß daher in $-\frac{2\pi i}{3}$ den Winkel $-\frac{1}{3}\pi$ haben. w geht also jetzt in der Richtung $-\frac{\pi}{3}$ und wieder geradlinig (warum?) nach ∞. Kehrt 4) z nach negativer Umlaufung des Poles ω^2 mit dem Residuum $\frac{\omega}{3}$ nach 0 zurück, so durchläuft w dieselben Werte, wie eben, in umgekehrter Reihenfolge und um $-2\pi i \frac{\omega}{3}$ vermehrt, durchläuft also die Parallele zur letzten Geraden durch $-2\pi i \cdot \frac{1}{3} - 2\pi i \cdot \frac{\omega}{3} = 2\pi i \cdot \frac{\omega^2}{3}$ und bis zu diesem Punkte hin. Geht jetzt 5) z von 0 nach ω, so hat die Bahn von z in 0 wieder einen Winkel von $-\frac{2}{3}\pi$, die von ω also einen solchen von $-\frac{1}{3}\pi$, und somit geht w von dem zuletzt genannten Punkte in der Richtung $+\frac{\pi}{3}$ wieder nach ∞ und kehrt, nachdem z den Pol ω mit dem Residuum $\frac{\omega^2}{3}$ negativ umlaufen hat

und 6) nach 0 zurückgeht, mit den um $-2\pi i \cdot \frac{\omega^2}{3}$ vermehrten Werten zurück, also parallel zur vorigen Richtung und bis zum Punkte $2\pi i \frac{\omega^2}{3} - 2\pi i \frac{\omega^2}{3} = 0$. Die Bahn von w ist geschlossen. Unsere aufgeschnittene z-Ebene wird also durch $w = f_1(z)$ ein-eindeutig und, von den Punkten $0, 1, \omega, \omega^2$ abgesehen, konform auf das zur Linken der beschriebenen w-Bahn gelegene Gebiet abgebildet. Dies besteht aus dem gleichseitigen Dreieck mit den Ecken $0,\ -2\pi i \cdot \frac{1}{3},\ +2\pi i \cdot \frac{\omega^2}{3}$ und drei an seine Seiten nach außen senkrecht angesetzten Halbstreifen.

b) Durch die Substitution $z = \frac{1}{z'}$ läßt sich $f_2(z)$ auf $f_1(z)$ zurückführen. Es ist $f_2(z) = f_1\left(\frac{1}{z}\right) + \text{const.}$

13. Liegt z in $\mathfrak{G}$, so liegt $z' = \frac{1}{2}\pi z^2$ in dem Streifen $0 < \mathfrak{J}(z') < \pi$, also $z'' = e^{z'} = e^{\frac{1}{2}\pi z^2}$ in der oberen z''-Halbebene. Aus a wird erst $a' = \frac{1}{2}\pi a^2$, dann $a'' = e^{a'} = e^{\frac{1}{2}\pi a^2}$, welch letzterer Wert positiv imaginär ist. Durch $z''' = \frac{z'' - a''}{z'' - \bar{a}''}$ erhalten wir den Einheitskreis in der z'''-Ebene; a'' gelangt nach 0. Es ist

$$\frac{dz'''}{dz} = \frac{dz'''}{dz''} \cdot \frac{dz''}{dz} = \frac{a'' - \bar{a}''}{(z'' - \bar{a}'')^2} \cdot z'' \cdot \pi z.$$

Für $z = a$ ist dies wegen $\bar{a}'' = -a''$ gleich $\frac{1}{2}\pi a$. Also bildet $w = \frac{2}{\pi a} \frac{e^{\frac{1}{2}\pi z^2} - e^{\frac{1}{2}\pi a^2}}{e^{\frac{1}{2}\pi z^2} - e^{\frac{1}{2}\pi \bar{a}^2}}$ das gegebene Gebiet so auf einen Kreis um $w = 0$ ab, daß a nach 0 kommt und dort die Ableitung $= 1$ ist. Der Radius dieses Kreises ist $= r(\mathfrak{G}; a) = \frac{2}{\pi\,|a|}$.

14. a) Ist $|a - z_0| = \varrho < R$, so liefert

$$w = (R^2 - \varrho^2)\frac{z - a}{R^2 - (\bar{a} - \bar{z}_0)(z - z_0)}$$

die notwendige Abbildung; $z = z_0 + R$ liefert $r(\mathfrak{G}; a) = \frac{R^2 - \varrho^2}{R}$. Die Fläche ist also ein Rotationsparaboloid, das durch die Peripherie $|z - z_0| = R$ hindurchgeht und seinen Scheitel über z_0 zu liegen hat.

b) Ist $\mathfrak{J}(a) > 0$, so leistet $w = (a - \bar{a})\frac{z - a}{z - \bar{a}}$ die nötige Abbildung; $z = 0$ liefert $r(\mathfrak{G}; a) = |a - \bar{a}| = 2\,\mathfrak{J}(a)$. Die Fläche ist also eine Ebene, die die z-Ebene längs der reellen Achse schneidet.

c) Ist $0 < \mathfrak{J}(a) < \pi$, so leistet (vgl. Aufg. 13)

$$w = e^{-a}(e^a - e^{\bar{a}})\frac{e^z - e^a}{e^z - e^{\bar{a}}}$$

die nötige Abbildung; $z = 0$ liefert $r(\mathfrak{G}, a) = |1 - e^{\bar{a} - a}| = 2\sin\beta$, wenn $a = \alpha + i\beta$ gesetzt wird. Die Fläche ist eine Zylinderfläche, deren Erzeugende parallel zur reellen Achse sind.

d) Die Rechnungen in c) und in Aufg. 13 lehren, daß jetzt $w = \frac{1}{\pi a}\left(1 - e^{\frac{\pi}{2}(\bar{a}^2 - a^2)}\right)\frac{e^{\frac{1}{2}\pi z^2} - e^{\frac{1}{2}\pi a^2}}{e^{\frac{1}{2}\pi z^2} - e^{\frac{1}{2}\pi\bar{a}^2}}$ die nötige Abbildung leistet. Für $z = 0$ findet man jetzt

$$r(\mathfrak{G}; a) = \frac{1}{\pi\,|a|}\cdot\left|1 - e^{\frac{\pi}{2}(\bar{a}^2 - a^2)}\right| = \frac{2\sin\alpha\beta\pi}{\pi\sqrt{\alpha^2 + \beta^2}}$$

wenn $a = \alpha + i\beta$ gesetzt wird. Damit ist in den Variablen α, β die Gleichung der Fläche gegeben.

Man beachte, daß in allen 4 Beispielen die Ordinaten der in Rede stehenden Fläche den Grenzwert 0 haben, wenn a an den Rand von $\mathfrak{G}$ rückt.

Mehr als 300 Bände

der kurzen, klaren, allgemeinverständlichen Einzeldarstellungen sind schon wieder lieferbar.

SAMMLUNG GÖSCHEN

Jeder Band DM **3,60** — Doppelband DM 5,80

Stand Januar 1959

WALTER DE GRUYTER & CO.

vormals G. J. Göschen'sche Verlagshandlung / J. Guttentag, Verlagsbuchhandlung / Georg Reimer / Karl J. Trübner / Veit & Comp,

BERLIN W 35

Inhaltsübersicht

Geisteswissenschaften

Philosophie

Einführung in die Philosophie von *H. Leisegang* †. 3. Auflage. 145 Seiten. 1957. (*281*)

Hauptprobleme der Philosophie von *G. Simmel* †. 7., unveränderte Auflage. 177 Seiten. 1950. (*500*)

Geschichte der Philosophie

I: Die griechische Philosophie von *W. Capelle*. 1. Teil. Von Thales bis Leukippos. 2., erweiterte Auflage. 135 Seiten. 1953. (*857*)

II: Die griechische Philosophie von *W. Capelle*. 2. Teil. Von der Sophistik bis zum Tode Platons. 2., stark erweiterte Auflage. 144 Seiten. 1953. (*858*)

III: Die griechische Philosophie von *W. Capelle*. 3. Teil. Vom Tode Platons bis zur Alten Stoa. 2., stark erweiterte Auflage. 132 Seiten. 1954. (*859*)

IV: Die griechische Philosophie von *W. Capelle*. 4. Teil. Von der Alten Stoa bis zum Eklektizismus im 1. Jahrh. v. Chr. 2., stark erweiterte Auflage. 132 Seiten. 1954. (*863*)

V: Die Philosophie des Mittelalters von *J. Koch*. In Vorbereitung. (*826*)

VI: Von der Renaissance bis Kant von *K. Schilling*. 234 Seiten. 1954. (*394/394a*)

VII: Immanuel Kant von *G. Lehmann*. In Vorbereitung. (*536*)

VIII: Die Philosophie des 19. Jahrhunderts von *G. Lehmann*. 1. Teil. 151 Seiten. 1953. (*571*)

IX: Die Philosophie des 19. Jahrhunderts von *G. Lehmann*. 2. Teil. 168 Seiten. 1953. (*709*)

X: Die Philosophie im ersten Drittel des 20. Jahrhunderts I von *G. Lehmann*. 128 Seiten. 1957. (*845*)

Die geistige Situation der Zeit (1931) von *K. Jaspers*. 4., unveränderter Abdruck de 1932 bearbeiteten 5. Auflage. 211 Seiten. 1955. (*1000*)

Erkenntnistheorie von *G. Kropp*
I. Teil: Allgemeine Grundlegung. 143 Seiten. 1950. (*807*)

Formale Logik von *P. Lorenzen*. 165 Seiten. 1958. (*1176/1176a*)

Philosophisches Wörterbuch von *M. Apel* †. 5., völlig neubearbeitete Auflage von *P. Ludz*. 315 Seiten. 1958. (*1031/1031a*)

Philosophische Anthropologie. Menschliche Selbstdeutung in Geschichte und Gegenwart von *M. Landmann*. 266 Seiten. 1955. (*156/156a*)

Pädagogik, Psychologie, Soziologie

Geschichte der Pädagogik von *Herm. Weimer*. 13., durchgesehene und vermehrte Auflage von *Heinz Weimer*. 178 Seiten. 1958. (*145*)

Therapeutische Psychologie. Ihr Weg durch die Psychoanalyse von *W. M. Kranefeldt*. Mit einer Einführung von *C. G. Jung*. 3. Auflage. 152 Seiten. 1956. (*1034*)

GEISTESWISSENSCHAFTEN

Allgemeine Psychologie von *Th. Erismann.* 3 Bände.
I: Grundprobleme. 2., neubearbeitete Auflage. 146 Seiten. 1958. (*831*)
II: Grundarten des psychischen Geschehens. In Vorbereitung. (*832/832a*)
III: Psychologie der Persönlichkeit. In Vorbereitung. (*833*)

Soziologie. Geschichte und Hauptprobleme von *L. von Wiese.* 5. Auflage. 162 Seiten. 1954. (*101*)

Sozialpsychologie von *P. R. Hofstätter.* 181 Seiten, 15 Abbildungen, 22 Tabellen. 1956. (*104/104a*)

Empirische Sozialforschung von *G. K. Specht.* 1959. In Vorbereitung. (*1175*)

Psychologie des Berufs- und Wirtschaftslebens von *W. Moede* †. 190 Seiten, 48 Abbildungen. 1958. (*851/851a*)

Industrie- und Betriebssoziologie von *R. Dahrendorf.* 120 Seiten. 1956. (*103*)

Religionswissenschaften

Jesus von *M. Dibelius* †. 2. Auflage. Unveränderter Nachdruck. 141 Seiten. 1949. (*1130*)

Paulus von *M. Dibelius* †. Nach dem Tode des Verfassers herausgegeben und zu Ende geführt von *W. G. Kümmel.* 2., durchgesehene Auflage. 155 Seiten. 1956. (*1160*)

Luther von *F. Lau.* 151 Seiten. 1959. (*1187*)

Römische Religionsgeschichte von *F. Altheim.* 2 Bände. 2., umgearbeitete Auflage.
I: Grundlagen und Grundbegriffe. 116 Seiten. 1956. (*1035*)
II: Der geschichtliche Ablauf. 164 Seiten. 1956. (*1052*)

Geschichte Israels. Von den Anfängen bis zur Zerstörung des Tempels (70 n. Chr.) von *E. L. Ehrlich.* 158 Seiten, 1 Tafel. 1958. (*231/231a*)

Musik

Musikästhetik von *H. J. Moser.* 180 Seiten. Mit zahlreichen Notenbeispielen. 1953. (*344*)

Systematische Modulation von *R. Hernried.* 2. Auflage. 136 Seiten. Mit zahlreichen Notenbeispielen. 1950. (*1094*)

Der polyphone Satz von *E. Pepping.* 2 Bände.
I: Der cantus-firmus-Satz. 2. Auflage. 223 Seiten. Mit zahlreichen Notenbeispielen. 1950. (*1148*)
II: Übungen im doppelten Kontrapunkt und im Kanon. 137 Seiten. Mit zahlreichen Notenbeispielen. 1957. (*1164/1164a*)

Allgemeine Musiklehre von *H. J. Moser.* 2., durchgesehene Auflage. 155 Seiten. Mit zahlreichen Notenbeispielen. 1955. (*220/220a*)

Harmonielehre von *H. J. Moser.* 2 Bände.
I: 109 Seiten. Mit 120 Notenbeispielen. 1954. (*809*)

Die Musik des 19. Jahrhunderts von *W. Oehlmann.* 180 Seiten. 1953. (*170*)

Die Musik des 20. Jahrhunderts von *W. Oehlmann.* 1959. In Vorbereitung. (*171/171a*)

Technik der deutschen Gesangskunst von *H. J. Moser.* 3., durchgesehene und verbesserte Auflage. 144 Seiten, 5 Figuren sowie Tabellen und Notenbeispiele. 1954. (*576/576a*)

Die Kunst des Dirigierens von *H. W. von Waltershausen* †. 2., vermehrte Auflage. 138 Seiten. Mit 19 Notenbeispielen. 1954. (*1147*)

Die Technik des Klavierspiels aus dem Geiste des musikalischen Kunstwerkes von *K. Schubert* †. 3. Auflage. 110 Seiten. Mit Notenbeispielen. 1954. (*1045*)

Kunst

Stilkunde von *H. Weigert.* 2 Bände. 3., durchgesehene und ergänzte Auflage.
I: Vorzeit, Antike, Mittelalter. 136 Seiten, 94 Abbildungen. 1958. (*80*)
II: Spätmittelalter und Neuzeit. 150 Seiten, 88 Abbildungen. 1958. (*781*)

Archäologie von *A. Rumpf.* 2 Bände.
I: Einleitung, historischer Überblick. 143 Seiten, 6 Abbildungen, 12 Tafeln. 1953. (*538*)
II: Die Archäologensprache. Die antiken Reproduktionen. 136 Seiten, 7 Abbildungen, 12 Tafeln. 1956. (*539*)

Geschichte

Einführung in die Geschichtswissenschaft von *P. Kirn.* 3., durchgesehene Auflage 128 Seiten. 1959. (*270*)

Zeitrechnung der römischen Kaiserzeit, des Mittelalters und der Neuzeit für die Jahre 1—2000 n. Chr. von *H. Lietzmann* †. 3. Auflage, durchgesehen von *K. Aland.* 130 Seiten. 1956. (*1085*)

Kultur der Urzeit von *F. Behn.* 3 Bände. 4. Auflage der Kultur der Urzeit Bd. 1—3 von *M. Hoernes.*
I: Die vormetallischen Kulturen. (Die Steinzeiten Europas. Gleichartige Kulturen in anderen Erdteilen.) 172 Seiten, 48 Abbildungen. 1950. (*564*)
II: Die älteren Metallkulturen. (Der Beginn der Metallbenutzung. Kupfer- und Bronzezeit in Europa, im Orient und in Amerika.) 160 Seiten, 67 Abbildungen. 1950. (*565*)
III: Die jüngeren Metallkulturen. (Das Eisen als Kulturmetall, Hallstatt-Latène-Kultur in Europa. Das erste Auftreten des Eisens in den anderen Weltteilen.) 149 Seiten, 60 Abbildungen. 1950. (*566*)

Vorgeschichte Europas von *F. Behn.* Völlig neue Bearbeitung der 7. Auflage der „Urgeschichte der Menschheit" von *M. Hoernes.* 125 Seiten, 47 Abbildungen. 1949. (*42*)

Der Eintritt der Germanen in die Geschichte von *J. Haller* †. 3. Auflage, durchgesehen von *H. Dannenbauer.* 120 Seiten, 6 Kartenskizzen. 1957. (*1117*)

Von den Karolingern zu den Staufern. Die altdeutsche Kaiserzeit (900—1250) von *J. Haller* †. 4., durchgesehene Auflage von *H. Dannenbauer.* 142 Seiten, 4 Karten. 1958. (*1065*)

Deutsche Geschichte im Zeitalter der Reformation, der Gegenreformation und des dreißigjährigen Krieges von *F. Hartung.* 129 Seiten. 1951. (*1105*)

Deutsche Geschichte von 1648—1740. Politischer und geistiger Wiederaufbau von *W. Treue.* 120 Seiten. 1956. (*35*)

Deutsche Geschichte von 1713—1806 von *W. Treue.* 168 Seiten. 1957. (*39*)

Deutsche Geschichte von 1807—1871 von *W. Treue.* In Vorbereitung. (*893*)

Deutsche Geschichte von 1871 bis zur Gegenwart von *W. Treue*. In Vorbereitung. (*894*)

Quellenkunde der Deutschen Geschichte im Mittelalter (bis zur Mitte des 15. Jahrhunderts) von *K. Jacob* †. 3 Bände.
- I: Einleitung. Allgemeiner Teil. Die Zeit der Karolinger. 6. Auflage. In Vorbereitung. (*279*)
- II: Die Kaiserzeit (911—1250). 4. Auflage. 127 Seiten. 1949. (*280*)
- III: Das Spätmittelalter (vom Interregnum bis 1500). Herausgegeben von *F. Weden*. 152 Seiten. 1952. (*284*)

Geschichte Englands von *H. Preller*. 2 Bände.
- I: bis 1815. 3., stark umgearbeitete Auflage. 135 Seiten, 7 Stammtafeln, 2 Karten. 1952. (*375*)
- II: Von 1815 bis 1910. 2., völlig umgearbeitete Auflage. 118 Seiten, 1 Stammtafel, 7 Karten. 1954. (*1088*)

Römische Geschichte von *F. Altheim*. 4 Bände. 2., verbesserte Auflage.
- I: Bis zur Schlacht bei Pydna (168 v. Chr.). 124 Seiten. 1956. (*19*)
- II: Bis zur Schlacht bei Actium (31 v. Chr.). 129 Seiten. 1956. (*677*)
- III: Bis zur Schlacht an der Milvischen Brücke (312 n. Chr.). 148 Seiten. 1958. (*679*)
- IV: Bis zur Schlacht am Yarmuk (636 n. Chr.). In Vorbereitung. (*684*)

Geschichte der Vereinigten Staaten von Amerika von *O. Graf zu Stolberg-Wernigerode*. 192 Seiten, 10 Karten. 1956. (*1051/1051a*)

Deutsche Sprache und Literatur

Geschichte der Deutschen Sprache von *H. Sperber*. 3. Auflage, besorgt von *W. Fleischbauer*. 128 Seiten. 1958. (*915*)

Deutsches Rechtschreibungswörterbuch von *M. Gottschald* †. 2., verbesserte Auflage. 219 Seiten. 1953. (*200/200a*)

Deutsche Wortkunde. Eine kulturgeschichtliche Betrachtung des deutschen Wortschatzes von *A. Schirmer*. 3., durchgesehene Auflage. 109 Seiten. 1949. (*929*)

Deutsche Sprachlehre von *W. Hofstaetter*. 9., neubearbeitete Auflage von *G. Spree*. 144 Seiten. 1953. (*20*)

Stimmkunde für Beruf, Kunst und Heilzwecke von *H. Biehle*. 111 Seiten. 1955. (*60*)

Redetechnik. Einführung in die Rhetorik von *H. Biehle*. 115 Seiten. 1954. (*61*)

Sprechen und Sprachpflege (Die Kunst des Sprechens) von *H. Feist*. 2., verbessert Auflage. 99 Seiten, 25 Abbildungen. 1952. (*1122*)

Deutsches Dichten und Denken von der germanischen bis zur staufischen Zeit von *H. Naumann* †. (Deutsche Literatur vom 5.—13. Jahrhundert.) 2., verbesserte Auflage. 166 Seiten. 1952. (*1121*)

Deutsches Dichten und Denken vom Mittelalter zur Neuzeit von *G. Müller* (1270 bis 1700). 2., durchgesehene Auflage. 159 Seiten. 1949. (*1086*)

Deutsches Dichten und Denken von der Aufklärung bis zum Realismus (Deutsche Literaturgeschichte von 1700—1890) von *K. Viëtor* †. 3., durchgesehene Auflage. 159 Seiten. 1958. (*1096*)

Der Nibelunge Nôt in Auswahl mit kurzem Wörterbuch von *K. Langosch.* 10., durchgesehene Auflage. 164 Seiten. 1956. (*1*)

Kudrun- und Dietrich-Epen in Auswahl mit Wörterbuch von *O. L. Jiriczek.* 6. Auflage, bearbeitet von *R. Wisniewski.* 173 Seiten. 1957. (*10*)

Wolfram von Eschenbach. Parzival. Eine Auswahl mit Anmerkungen und Wörterbuch von *H. Jantzen.* 2. Auflage, bearbeitet von *H. Kolb.* 128 Seiten. 1957. (*921*)

Hartmann von Aue. Der arme Heinrich nebst einer Auswahl aus der „Klage", dem „Gregorius" und den Liedern (mit einem Wörterverzeichnis) herausgegeben von *F. Maurer.* 96 Seiten. 1958. (*18*)

Gottfried von Strassburg von *F. Maurer.* 1959. In Vorbereitung. (*22*)

Die deutschen Personennamen von *M. Gottschald* †. 2., verbesserte Auflage. 151 Seiten. 1955. (*422*)

Althochdeutsches Elementarbuch. Grammatik und Texte von *H. Naumann* † und *W. Betz.* 2., verbesserte und vermehrte Auflage. 156 Seiten. 1954. (*1111*)

Mittelhochdeutsche Grammatik von *H. de Boor* und *R. Wisniewski.* 141 Seiten. 1956. (*1108*)

Indogermanisch, Germanisch

Indogermanische Sprachwissenschaft von *H. Krahe.* 2 Bände. 3., neubearbeitete Aufl
I: Einleitung und Lautlehre. 106 Seiten. 1958. (*59*)
II: Formenlehre. In Vorbereitung. (*64*)

Gotisches Elementarbuch. Grammatik, Texte mit Übersetzung und Erläuterungen mit einer Einleitung von *H. Hempel.* 2., umgearbeitete Aufl. 165 Seiten. 1953. (*79*)

Germanische Sprachwissenschaft von *H. Krahe.* 2 Bände. 3., neubearbeitete Auflage.
I: Einleitung und Lautlehre. 147 Seiten. 1956. (*238*)
II: Formenlehre. 149 Seiten. 1957. (*780*)

Altnordisches Elementarbuch. Schrift, Sprache, Texte mit Übersetzung und Wörterbuch von *F. Ranke.* 2., durchgesehene Auflage. 146 Seiten. 1949. (*1115*)

Englisch, Romanisch

Altenglisches Elementarbuch von *M. Lehnert.* Einführung, Grammatik, Texte mit Übersetzung und Wörterbuch. 4., verbesserte Auflage. 178 Seiten. 1959. (*1125*)

Historische neuenglische Laut- und Formenlehre von *E. Ekwall.* 3., durchgesehene Auflage. 150 Seiten. 1956. (*735*)

Englische Phonetik von *H. Mutschmann* †. 117 Seiten. 1956. (*601*)

Englische Literaturgeschichte. 4 Bände.
I: Die alt- und mittelenglische Periode von *F. Schubel.* 163 Seiten. 1954. (*1114*)
II: Von der Renaissance bis zur Aufklärung von *F. Schubel.* 160 Seiten. 1956. (*1116*)
III: Romantik und Viktorianismus von *P. Meißner* †. Durchgesehener Neudruck. 150 Seiten. 1944. (*1124*)
IV: Das 20. Jahrhundert von *P. Meißner* †. Durchgesehener Neudruck. 157 Seiten. 1944. (*1136*)

Beowulf von *M. Lehnert.* Eine Auswahl mit Einführung, teilweiser Übersetzung, Anmerkungen und etymologischem Wörterbuch. 3., verbesserte Auflage. 135 Seiten. 1959. (*1135*)

Shakespeare von *P. Meißner* †. 2. Auflage, neubearbeitet von *M. Lehnert.* 136 Seiten. 1954. (*1142*)

Italienische Literaturgeschichte von *K. Voßler* †. Unveränderter Nachdruck der 1927 erschienenen 4., durchgesehenen und verbesserten Auflage. 148 Seiten. 1948. (*125*)

Romanische Sprachwissenschaft von *H. Lausberg.* 2 Bände.
I: Einleitung und Vokalismus. 160 Seiten. 1956. (*128/128a*)
II: Konsonantismus. 95 Seiten. 1956. (*250*)

Griechisch, Lateinisch

Griechische Sprachwissenschaft von *W. Brandenstein.* 2 Bände.
I: Einleitung, Lautsystem, Etymologie. 160 Seiten. 1954. (*117*)
II: Wortbildung und Formenlehre. 192 Seiten. 1959. (*118/118a*)

Geschichte der griechischen Sprache. 2 Bände.
I: Bis zum Ausgang der klassischen Zeit von *O. Hoffmann* †. 3. Auflage bearbeitet von *A. Debrunner* †. 156 Seiten. 1953. (*111*)
II: Grundfragen und Grundzüge des nachklassischen Griechisch von *A. Debrunner* †. 144 Seiten. 1954. (*114*)

Geschichte der lateinischen Sprache von *F. Stolz* †. 3., stark umgearbeitete Auflage von *A. Debrunner* †. 136 Seiten. 1953. (*492*)

Hebräisch, Sanskrit, Russisch

Hebräische Grammatik von *G. Beer* †. 2 Bände. 2., völlig neubearbeitete Auflage von *R. Meyer.*
I: Schrift-, Laut- und Formenlehre I. 157 Seiten. 1952. (*763/763a*)
II: Formenlehre II. Syntax und Flexionstabellen. 195 Seiten. 1955. (*764/764a*)

Hebräisches Textbuch von *R. Meyer.* In Vorbereitung. (*769/769a*)

Sanskrit-Grammatik von *M. Mayrhofer.* 89 Seiten. 1953. (*1158*)

Russische Grammatik von *E. Berneker* †. 6., unveränderte Auflage von *M. Vasmer.* 155 Seiten. 1947. (*66*)

Erd- und Länderkunde

Afrika von *F. Jaeger.* Ein geographischer Überblick. 2 Bände. 2., umgearbeitete Auflage.
I: Der Lebensraum. 179 Seiten, 18 Abbildungen. 1954. (*910*)
II: Mensch und Kultur. 155 Seiten, 6 Abbildungen. 1954. (*911*)

Australien und Ozeanien von *H. J. Krug.* 176 Seiten, 46 Skizzen. 1953. (*319*)

Volkswirtschaft, Publizistik

Allgemeine Betriebswirtschaftslehre von *K. Mellerowicz*. 4 Bände. 10., erweiterte und veränderte Auflage.
I: 224 Seiten. 1958. (*1008/1008a*)
II: 188 Seiten. 1959. (*1153/1153a*)
III: 260 Seiten. 1959. (*1154/1154a*)
IV: 209 Seiten. 1959. (*1186/1186a*)
Diese 4 Bände sind auch in Ganzleinen gebunden zum Preise von je DM 6,30 lieferbar.

Allgemeine Volkswirtschaftslehre von *A. Paulsen*. 4 Bände.
I: Grundlegung, Wirtschaftskreislauf. 2., durchgesehene und ergänzte Auflage. 141 Seiten. 1958. (*1169*)
II: Haushalte, Unternehmungen, Marktformen. 2., durchgesehene und ergänzte Auflag.. 164 Seiten, 32 Abbildungen. 1958. (*1170*)
III: Produktionsfaktoren, Geldwesen. 1959. In Vorbereitung. (*1171*)
IV: Konjunktur, Außenhandel, staatliche Aktivität. In Vorbereitung. (*1172*)

Finanzwissenschaft von *H. Kolms*. 4 Bände.
I: Grundlegung. Öffentliche Ausgaben. 160 Seiten. 1959. (*148*)
II: Erwerbseinkünfte, Gebühren und Beiträge; Allgemeine Steuerlehre. 1959. In Vorbereitung. (*391*)
III: Besondere Steuerlehre. In Vorbereitung. (*776*)
IV: Öffentlicher Kredit. Haushaltswesen. Finanzausgleich. In Vorbereitung. (*782*)

Finanzmathematik von *M. Nicolas*. 192 Seiten, 11 Tafeln, 8 Tabellen und 72 Beispiele. 1959. (*1183/1183a*)

Industrie- und Betriebssoziologie von *R. Dahrendorf*. 120 Seiten. 1956. (*103*)

Psychologie des Berufs- und Wirtschaftslebens von *W. Moede* †. 190 Seiten, 48 Abbildungen. 1958. (*851, 851a*)

Zeitungslehre von *E. Dovifat*. 2 Bände. 3., neubearbeitete Auflage.
I: Theoretische und rechtliche Grundlagen — Nachricht und Meinung — Sprache und Form. 148 Seiten. 1955. (*1039*)
II: Redaktion — Die Sparten: Verlag und Vertrieb, Wirtschaft und Technik, Sicherung der öffentlichen Aufgabe. 158 Seiten. 1955. (*1040*)

Naturwissenschaften

Mathematik

Geschichte der Mathematik von J. E. Hofmann. 3 Bände.
I: Von den Anfängen bis zum Auftreten von Fermat und Descartes. 200 Seiten. 1953. (*226*)
II: Von Fermat und Descartes bis zur Erfindung des Calculus und bis zum Ausbau der neuen Methoden. 109 Seiten. 1957. (*875*)
III: Von den Auseinandersetzungen um den Calculus bis zur französischen Revolution. 107 Seiten. 1957. (*882*)

NATURWISSENSCHAFTEN

Mathematische Formelsammlung von *F. Ringleb.* Vollständig umgearbeitete Neuausgabe des Werkes von *O. Th. Bürklen* †. 6., erweiterte Auflage. 278 Seiten, 37 Fig. 1956. (*51/51a*)

Fünfstellige Logarithmen von *A. Adler.* Mit mehreren graphischen Rechentafeln und häufig vorkommenden Zahlenwerten. 3. Auflage. 127 Seiten, 1 Tafel. 1959. (*423*)

Arithmetik von *P. B. Fischer* †. 3. Auflage von *H. Rohrbach.* 152 Seiten, 19 Abbildungen. 1958. (*47*)

Höhere Algebra von *H. Hasse.* 2 Bände. 4., durchgesehene Auflage.
I: Lineare Gleichungen. 152 Seiten. 1957. (*931*)
II: Gleichungen höheren Grades. 158 Seiten, 5 Figuren. 1958. (*932*)

Aufgabensammlung zur höheren Algebra von *H. Hasse* und *W. Klobe.* 2., verbesserte und vermehrte Auflage. 181 Seiten. 1952. (*1082*)

Elementare und klassische Algebra vom modernen Standpunkt von *W. Krull.* 2 Bände. 2., erweiterte Auflage.
I: 136 Seiten. 1952. (*930*)
II: 132 Seiten. 1959. (*933*)

Einführung in die Zahlentheorie von *A. Scholz* †. Überarbeitet und herausgegeben von *B. Schoeneberg.* 2. Auflage. 128 Seiten. 1955. (*1131*)

Formale Logik von *P. Lorenzen.* 165 Seiten. 1958. (*1176/1176a*)

Elemente der Funktionentheorie von *K. Knopp* †. 4. Auflage. 144 Seiten, 23 Figuren. 1955. (*1109*)

Funktionentheorie von *K. Knopp* †. 2 Bände.
I: Grundlagen der allgemeinen Theorie der analytischen Funktionen. 9., neubearbeitete Auflage. 144 Seiten, 8 Figuren. 1957. (*668*)
II: Anwendungen und Weiterführung der allgemeinen Theorie. 8./9. Auflage. 130 Seiten, 7 Figuren. 1955. (*703*)

Aufgabensammlung zur Funktionentheorie von *K. Knopp* †. 2 Bände.
I: Aufgaben zur elementaren Funktionentheorie. 5. Auflage. 135 Seiten. 1957. (*877*)
II: Aufgaben zur höheren Funktionentheorie. 4. Auflage. 144 Seiten. 1949. (*878*)

Gewöhnliche Differentialgleichungen von *G. Hoheisel.* 5., durchgesehene Auflage. 129 Seiten. 1956. (*920*)

Partielle Differentialgleichungen von *G. Hoheisel.* 3., neubearbeitete Auflage. 130 Seiten. 1953. (1003)

Aufgabensammlung zu den gewöhnlichen und partiellen Differentialgleichungen von *G. Hoheisel.* 3., durchgesehene und verbesserte Auflage. 124 Seiten. 1958. (*1059*)

Integralgleichungen von *G. Hoheisel.* 2., durchgesehene Auflage. 1959. In Vorbereitg. (*1099*)

Mengenlehre von *E. Kamke.* 3., neubearbeitete Auflage. 194 Seiten, 6 Figuren. 1955. (*999/999a*)

Gruppentheorie von *L. Baumgartner.* 3., neubearbeitete Auflage. 110 Seiten, 3 Tafeln. 1958. (*837*)

Ebene und sphärische Trigonometrie von *G. Hessenberg* †. 5. Auflage, durchgesehen von *H. Kneser.* 172 Seiten, 60 Figuren. 1957. (*99*)

Darstellende Geometrie von *W. Haack.* 3 Bände.
I: Die wichtigsten Darstellungsmethoden. Grund- und Aufriß ebenflächiger Körper. 2., durchgesehene und ergänzte Auflage. 113 Seiten, 120 Abbildungen. 1958. *(142)*
II: Körper mit krummen Begrenzungsflächen. Kotierte Projektionen. 2., durchgesehene und ergänzte Auflage. 129 Seiten, 86 Abbildungen. 1959. *(143)*
III: Axonometrie und Perspektive. 127 Seiten, 100 Abbildungen. 1957. *(144)*

Analytische Geometrie von *K. P. Grotemeyer.* 202 Seiten, 73 Abbildungen. 1958. *(65/65a)*

Sammlung von Aufgaben und Beispielen zur analytischen Geometrie der Ebene mit den vollständigen Lösungen von *R. Haussner* †. 139 Seiten, 22 Figuren. Neudruck. 1949. *(256)*

Nichteuklidische Geometrie. Hyperbolische Geometrie der Ebene von *R. Baldus* †. Durchgesehen und herausgegeben von *F. Löbell.* 3., verbesserte Auflage. 140 Seiten, 70 Figuren. 1953. *(970)*

Differentialgeometrie von *K. Strubecker* (früher *Rothe*). 3 Bände.
I: Kurventheorie der Ebene und des Raumes. 150 Seiten, 18 Figuren. 1955. *(1113/1113a)*
II: Theorie der Flächenmetrik. 195 Seiten, 14 Figuren. 1958. *(1179/1179a)*
III: Theorie der Flächenkrümmung. 254 Seiten, 38 Figuren. 1959. *(1180/1180a)*

Einführung in die konforme Abbildung von *L. Bieberbach.* 5., erweiterte Auflage. 180 Seiten, 42 Figuren. 1956. *(768/768a)*

Vektoren und Matrizen von *S. Valentiner.* 8., erweiterte Auflage der „Vektoranalysis". Mit Anhang: Aufgaben zur Vektorrechnung von *H. König.* 202 Seiten, 35 Figuren. 1958. *(354/354a)*

Vermessungskunde von *P. Werkmeister.* 3 Bände.
I: Stückvermessung und Nivellieren. 10., völlig neubearbeitete Auflage von *W. Großmann.* 143 Seiten, 117 Figuren. 1958. *(468)*
II: Messung von Horizontalwinkeln, Festlegung von Punkten im Koordinatensystem. Absteckungen. 7. Auflage. 151 Seiten, 93 Figuren. 1949. *(469)*
III: Trigonometrische und barometrische Höhenmessung. Tachymetrie und Topographie. 6. Auflage. 147 Seiten, 64 Figuren. 1949. *(862)*

Versicherungsmathematik von *F. Böhm.* 2 Bände.
I: Elemente der Versicherungsrechnung. 3., vermehrte und verbesserte Auflage. Durchgesehener Neudruck. 151 Seiten. 1953. *(180)*
II: Lebensversicherungsmathematik. Einführung in die technischen Grundlagen der Sozialversicherung. 2., verbesserte und vermehrte Auflage. 205 Seiten. 1953. *(917/917a)*

Finanzmathematik von *M. Nicolas.* 192 Seiten, 11 Tafeln, 8 Tabellen und 72 Beispiele. 1959. *(1183/1183a)*

Physik

Einführung in die theoretische Physik von *W. Döring.* 5 Bände.
I: Mechanik. 119 Seiten, 29 Abbildungen. 1954. *(76)*
II: Das elektromagnetische Feld. 122 Seiten, 15 Abbildungen. 1955. *(77)*
III: Optik. 117 Seiten, 32 Abbildungen. 1956. *(78)*
IV: Thermodynamik. 107 Seiten, 9 Abbildungen. 1956. *(374)*
V: Statistische Mechanik. 114 Seiten, 12 Abbildungen. 1957. *(1017)*

Atomphysik von *K. Bechert* und *Ch. Gerthsen* †. 7 Bände.
I: Allgemeine Grundlagen. 1. Teil. 4., durchgesehene Auflage von *A. Flammersfeld*. 124 Seiten, 35 Abbildungen. 1959. (*1009*)
II: Allgemeine Grundlagen. 2. Teil. 3., umgearbeitete Auflage. 112 Seiten, 48 Abbildungen. 1955. (*1033*)
III: Theorie des Atombaus. 1. Teil. 3., umgearbeitete Auflage. 148 Seiten, 16 Abbildung n. 1954. (*1123/1123a*)
IV: Theorie des Atombaus. 2. Teil. 3., umgearbeitete Auflage. 170 Seiten, 14 Abbildungen. 1954. (*1165/1165a*)

Differentialgleichungen der Physik von *F. Sauter*. 3., durchgesehene und ergänzte Auflage. 148 Seiten, 16 Figuren. 1958. (*1070*)

Physikalische Formelsammlung von *G. Mahler* †. Neubearbeitet von *K. Mahler*. 10., durchgesehene Auflage. 153 Seiten, 69 Figuren. 1959. (*136*)

Physikalische Aufgabensammlung von *G. Mahler* †. Neubearbeitet von *K. Mahler*. Mit den Ergebnissen. 9., durchgesehene Auflage. 127 Seiten. 1957. (*243*)

Chemie

Geschichte der Chemie in kurzgefaßter Darstellung von *G. Lockemann*. 2 Bände.
I: Vom Altertum bis zur Entdeckung des Sauerstoffs. 142 Seiten, 8 Bildnisse. 1950. (*264*)
II: Von der Entdeckung des Sauerstoffs bis zur Gegenwart. 151 Seiten, 16 Bildnisse. 1955. (*265/265a*)

Anorganische Chemie von *W. Klemm*. 10., überarbeitete und ergänzte Auflage. 185 Seiten, 18 Abbildungen. 1958 (*37*)

Organische Chemie von *W. Schlenk*. 7., erweiterte Auflage. 269 Seiten, 16 Abbildungen. 1957. (*38/38a*)

Physikalische Methoden der Organischen Chemie von *G. Kresze*. 1959. In Vorbereitung. (*44*)

Allgemeine und physikalische Chemie von *W. Schulze*. 2 Bände. 4., neubearb. Aufl.
I: 139 Seiten, 10 Figuren. 1955. (*71*)
II: 176 Seiten, 37 Figuren. 1956. (*698/698a*)

Molekülbau. Theoretische Grundlagen und Methoden der Strukturermittlung von *W. Schulze*. 123 Seiten, 43 Figuren. 1958. (*786*)

Physikalisch-chemische Rechenaufgaben von *E. Asmus*. 3., verbesserte Auflage. 96 Seiten. 1958. (*445*)

Analytische Chemie von *J. Hoppe*. 2 Bände. 5., verbesserte Auflage.
I: Reaktionen. 135 Seiten. 1950. (*247*)
II: Gang der qualitativen Analyse. 166 Seiten. 1950. (*248*)

Maßanalyse. Theorie und Praxis der klassischen und d r elektrochemischen Titrierverfahren von *G. Jander* und *K. F. Jahr*. 8., durchgesehene und ergänzte Auflage. 313 Seiten, 49 Figuren. 1959. (*221/221a*)

Thermochemie von *W. A. Roth* †. 2., verbesserte Auflage. 109 Seiten, 16 Figuren. 1952. *(1057)*

Stöchiometrische Aufgabensammlung von *W. Bahrdt* † und *R. Scheer*. Mit den Ergebnissen. 6., durchgesehene Auflage. 118 Seiten. 1957. *(452)*

Elektrochemie und ihre physikalisch-chemischen Grundlagen von *A. Daßler* 2 Bände.
I: 149 Seiten, 21 Abbildungen. 1950. *(252)*
II: 178 Seiten, 17 Abbildungen. 1950. *(253)*

Technologie

Warenkunde von *K. Hassak* † und *E. Beutel* †. 2 Bände.
I: Anorganische Waren sowie Kohle und Erdöl. 8. Auflage. Neubearbeitet von *A. Kutzelnigg*. 119 Seiten, 18 Figuren. 1958. *(222)*
II: Organische Waren. 7. Auflage. Neubearbeitet von *A. Kutzelnigg*. 143 Seiten, 32 Figuren. 1949. *(223)*

Die Fette und Öle von *K. Braun* †. 5., völlig neubearbeitete und verbesserte Auflage von *Th. Klug*. 145 Seiten. 1950. *(335)*

Die Seifenfabrikation von *K. Braun* †. 3., neubearbeitete und verbesserte Auflage von *Th. Klug*. 116 Seiten, 18 Abbildungen. 1953. *(336)*

Textilindustrie von *A. Blümcke*.
I: Spinnerei und Zwirnerei. 111 Seiten, 43 Abbildungen. 1954. *(184)*

Biologie

Einführung in die allgemeine Biologie und ihre philosophischen Grund- und Grenzfragen von *M. Hartmann*. 132 Seiten, 2 Abbildungen. 1956. *(96)*

Hormone von *G. Koller*. 2., neubearbeitete und erweiterte Auflage. 187 Seiten, 60 Abbildungen, 19 Tabellen. 1949. *(1141)*

Fortpflanzung im Tier- und Pflanzenreich von *J. Hämmerling*. 2., ergänzte Auflage. 135 Seiten, 101 Abbildungen. 1951. *(1138)*

Geschlecht und Geschlechtsbestimmung im Tier- und Pflanzenreich von *M. Hartmann*. 2., verbesserte Auflage. 116 Seiten, 61 Abbildungen, 7 Tabellen. 1951. *(1127)*

Symbiose der Tiere mit pflanzlichen Mikroorganismen von *P. Buchner*. 2., verbesserte und vermehrte Auflage. 130 Seiten, 121 Abbildungen. 1949. *(1128)*

Botanik

Entwicklungsgeschichte des Pflanzenreiches von *H. Heil*. 2. Auflage. 138 Seiten, 94 Abbildungen, 1 Tabelle. 1950. *(1137)*

Morphologie der Pflanzen von *L. Geitler*. 3., umgearbeitete Auflage. 126 Seiten, 114 Abbildungen. 1953. *(141)*

Pflanzengeographie von *L. Diels* †. 5., völlig neubearbeitete Auflage von *F. Mattick*. 195 Seiten, 2 Karten. 1958. (*389/389a*)

Die Laubhölzer. Kurzgefaßte Beschreibung der in Mitteleuropa gedeihenden Laubbäume und Sträucher von *F. W. Neger* † und *E. Münch* †. 3., durchgesehene Auflage, herausgegeben von *B. Huber*. 143 Seiten, 63 Figuren, 7 Tabellen. 1950. (*718*)

Die Nadelhölzer (Koniferen) und übrigen Gymnospermen von *F. W. Neger* † und *E. Münch* †. 4. Auflage, durchgesehen und ergänzt von *B. Huber*. 140 Seiten, 75 Figuren, 4 Tabellen, 3 Karten. 1952. (*355*)

Pflanzenzüchtung von *H. Kuckuck*. 2 Bände.
I: Grundzüge der Pflanzenzüchtung. 3., völlig umgearbeitete und erweiterte Auflage. 132 Seiten, 22 Abbildungen. 1952. (*1134*)
II: Spezielle gartenbauliche Pflanzenzüchtung (Züchtung von Gemüse, Obst und Blumen). 178 Seiten, 27 Abbildungen. 1957. (*1178/1178a*)

Zoologie

Entwicklungsphysiologie der Tiere von *F. Seidel*. 2 Bände.
I: Ei und Furchung. 126 Seiten, 29 Abbildungen. 1953. (*1162*)
II: Körpergrundgestalt und Organbildung. 159 Seiten, 42 Abbildungen. 1953. (*1163*)

Das Tierreich
I: Einzeller, Protozoen von *E. Reichenow*. 115 Seiten, 59 Abbildungen. 1956. (*444*)
II: Schwämme und Hohltiere von *H. J. Hannemann*. 95 Seiten, 80 Abbildungen. 1956. (*442*)
III: Würmer. Platt-, Hohl-, Schnurwürmer, Kamptozoen, Ringelwürmer, Protracheaten, Bärtierchen, Zungenwürmer von *S. Jaeckel*. 114 Seiten, 36 Abbildungen. 1955. (*439*)
IV,1: Krebse von *H. E. Gruner* und *K. Deckert*. 114 Seiten, 43 Abbildungen. 1956. (*443*)
IV,2: Spinnentiere (Trilobitomorphen, Fühlerlose) und Tausendfüßler von *A. Kaestner*. 96 Seiten, 55 Abbildungen. 1955. (*1161*)
IV,3: Insekten von *H. von Lengerken*. 128 Seiten, 58 Abbildungen. 1953. (*594*)
V: Weichtiere. Urmollusken, Schnecken, Muscheln und Kopffüßer von *S. Jaeckel*. 92 Seiten, 34 Abbildungen. 1954. (*440*)
VI: Stachelhäuter. Tentakulaten, Binnenatmer und Pfeilwürmer von *S. Jaeckel*. 100 Seiten, 46 Abbildungen. 1955. (*441*)
VII,2: Fische von *D. Lüdemann*. 130 Seiten, 65 Abbildungen. 1955. (*356*)
VII,3: Lurche (Chordatiere) von *K. Herter*. 143 Seiten, 129 Abbildungen. 1955. (*847*)
VII,4: Kriechtiere (Chordatiere) von *K. Herter*. In Vo b r itung. (*447*)
VII,5: Vögel (Chordatiere) von *G. Diesselhorst*. In Vorbereitung. (*869*)
VII,6: Säugetiere (Chordatiere) von *Th. Haltenorth*. In Vorbereitung. (*282*)

Vergleichende Physiologie der Tiere von *K. Herter*. 2 Bände.
I: Stoff- und Energiewechsel. 4. Auflage. In Vorbereitung. (*972*)
II: Bewegung und Reizerscheinungen. 3. Auflage. 148 Seiten, 110 Abbildgn. 1950. (*973*)

Land- und Forstwirtschaft

Landwirtschaftliche Tierzucht. Die Züchtung und Haltung der landwirtschaftlichen Nutztiere von *H. Vogel.* 139 Seiten, 11 Abbildungen. 1952. (*228*)

Kulturtechnische Bodenverbesserungen von *O. Fauser.* 2 Bände. 4., neubearbeitete Auflage.
I: Allgemeines, Entwässerung. 122 Seiten, 47 Abbildungen. 1947. (*691*)
II: Bewässerung, Ödlandkultur, Umlegung. 150 Seiten, 67 Abbildungen. 1948. (*692*)

Agrikulturchemie von *K. Scharrer.* 2 Bände.
I: Pflanzenernährung. 143 Seiten. 1953. (*329*)
II: Futtermittelkunde. 192 Seiten. 1956. (*330/330a*)

Geologie, Mineralogie, Kristallographie

Geologie von *F. Lotze.* 176 Seiten, 80 Abbildungen. 1955. (*13*)

Mineral- und Erzlagerstättenkunde von *H. Huttenlocher* †. 2 Bände.
I: 128 Seiten, 34 Abbildungen. 1954. (*1014*)
II: 156 Seiten, 48 Abbildungen. 1954. (*1015/1015a*)

Allgemeine Mineralogie. 10., erweiterte Auflage der „Mineralogie" von *R. Brauns* †, bearbeitet von *K. F. Chudoba.* 120 Seiten, 120 Figuren, 1 Tafel, 3 Tabellen. 1958. (*29*)

Spezielle Mineralogie. 9., erweiterte Auflage der „Mineralogie" von *R. Brauns* †, bearbeitet von *K. F. Chudoba.* 133 Seiten, 105 Figuren. 1955. (*31*)

Petrographie (Gesteinskunde) von *W. Bruhns* †. Neubearbeitet von *P. Ramdohr.* 4., durchgesehene Auflage. 104 Seiten, 10 Figuren. 1955. (*173*)

Kristallographie von *W. Bruhns* †. 5. Auflage, neubearbeitet von *P. Ramdohr.* 109 Seiten, 164 Abbildungen. 1958. (*210*)

Einführung in die Kristalloptik von *E. Buchwald.* 4., verbesserte Auflage. 138 Seiten, 121 Figuren. 1952. (*619*)

Lötrohrprobierkunde. Mineraldiagnose mit Lötrohr- und Tüpfelreaktion. Von *M. Henglein.* 3., verbesserte Auflage. 91 Seiten, 11 Figuren. 1949. (*483*)

Technik

Graphische Darstellung in Wissenschaft und Technik von *M. Pirani.* 3., erweiterte Auflage bearbeitet von *J. Fischer* unter Benutzung der von *I. Runge* besorgten 2. Auflage. 216 Seiten, 104 Abbildungen. 1957. (*728/728a*)

Elektrotechnik

Grundlagen der allgemeinen Elektrotechnik von *O. Mohr.* 3 Bände.
I: Die drei Feldformen. 96 Seiten, 41 Abbildungen, 6 Tafeln. 1956. (*196*)
II: Die wichtigsten elektrischen und physikalischen Grunderscheinungen. 95 Seiten, 36 Abbildungen, 7 Tafeln. 1956. (*197*)
III: Schaltvorgänge, Widerstandsformen, Meßtechnik. 91 Seiten, 59 Abbildungen, 1 Tafel. 1956. (*198*)

Die Gleichstrommaschine von *K. Humburg.* 2 Bände. 2., durchgesehene Auflage.
I: 102 Seiten, 59 Abbildungen. 1956. (*257*)
II: 101 Seiten, 38 Abbildungen. 1956. (*881*)

Die synchrone Maschine von *K. Humburg.* Neudruck. 109 Seiten, 78 Abbildungen. 1951. (*1146*)

Induktionsmaschinen von *F. Unger.* 2., erweiterte Auflage. 142 Seiten, 49 Abbildungen. 1954. (*1140*)

Die komplexe Berechnung von Wechselstromschaltungen von *H. H. Meinke.* 2. Auflage. 180 Seiten, 120 Abbildungen. 1957. (*1156/1156a*)

Theoretische Grundlagen zur Berechnung der Schaltgeräte von *F. Kesselring.* 3. Auflage. 144 Seiten, 92 Abbildungen. 1950. (*711*)

Einführung in die Technik selbsttätiger Regelungen von *W. zur Megede.* 176 Seiten, 86 Abbildungen. 1956. (*714/714a*)

Elektromotorische Antriebe (Grundlagen für die Berechnung) von *A. Schwaiger.* 3., neubearbeitete Auflage. 96 Seiten, 34 Abbildungen. 1952. (*827*)

Technische Tabellen und Formeln von *W. Müller.* 4., verbesserte und erweiterte Auflage von *E. Schulze.* 152 Seiten, 105 Figuren. 1951. (*579*)

Überspannungen und Überspannungsschutz von *G. Frühauf.* Durchgesehener Neudruck. 122 Seiten, 98 Abbildungen. 1950. (*1132*)

Maschinenbau

Metallkunde von *H. Borchers.* 2 Bände. 4. Auflage.
I: Aufbau der Metalle und Legierungen. 120 Seiten, 90 Abbildungen, 2 Tabellen. 1959. (*432*)
II: Eigenschaften, Grundzüge der Form- und Zustandsgebung. 1959. In Vorbereitung. (*433/433a*)

Die Werkstoffe des Maschinenbaues von *A. Thum* † und *C. M. v. Meysenbug.* 2 Bände.
I: Einführung in die Werkstoffprüfung. 2., neubearbeitete Auflage. 100 Seiten, 7 Tabellen, 56 Abbildungen. 1956. (*476*)
II: Die Konstruktionswerkstoffe. Mit 40 Abbildungen. 1959. In Vorbereitung. (*936*)

Dynamik von *W. Müller.* 2 Bände. 2., verbesserte Auflage.
I: Dynamik des Einzelkörpers. 128 Seiten, 48 Figuren. 1952. (*902*)
II: Systeme von starren Körpern. 102 Seiten, 41 Figuren. 1952. (*903*)

Technische Schwingungslehre von *L. Zipperer.* 2 Bände. 2., neubearbeitete Auflage.
I: Allgemeine Schwingungsgleichungen, einfache Schwinger. 120 Seiten, 101 Abbildungen. 1953. (*953*)
II: Torsionsschwingungen in Maschinenanlagen. 102 Seiten, 59 Abbildungen. 1955. (*961/961a*)

Werkzeugmaschinen für Metallbearbeitung von *K. P. Matthes.* 2 Bände.
I: 100 Seiten, 27 Abbildungen, 11 Zahlentafeln, 1 Tafelanhang. 1954. (*561*)
II: Fertigungstechnische Grundlagen der neuzeitlichen Metallbearbeitung. 101 Seiten, 30 Abbildungen, 5 Tafeln. 1955. (*562*)

Transformatoren von *W. Schäfer.* 3., überarbeitete und ergänzte Auflage. 130 Seiten, 73 Abbildungen. 1957. (*952*)

Das Maschinenzeichnen mit Einführung in das Konstruieren von *W. Tochtermann.* 2 Bände. 4. Auflage.
I: Das Maschinenzeichnen. 156 Seiten, 75 Tafeln. 1950. (*589*)
II: Ausgeführte Konstruktionsbeispiele. 130 Seiten, 58 Tafeln. 1950. (*590*)

Die Maschinenelemente von *E. A. vom Ende.* 3., verbesserte Auflage. 166 Seiten, 175 Figuren, 9 Tafeln. 1956. (*3/3a*)

Die Maschinen der Eisenhüttenwerke von *L. Engel.* 156 Seiten, 95 Abbildungen. 1957. (*583/583a*)

Walzwerke von *H. Sedlaczek* † unter Mitarbeit von *F. Fischer* und *M. Buch.* 232 Seiten, 157 Abbildungen. 1958. (*580/580a*)

Getriebelehre von *P. Grodzinski* †. 2 Bände. 2., neubearbeitete Auflage.
I: Geometrische Grundlagen. 159 Seiten, 142 Figuren. 1953. (*1061*)

Gießereitechnik von *H. Jungbluth.* 2 Bände.
I: Eisengießerei. 126 Seiten, 44 Abbildungen. 1951. (*1159*)

Die Dampfkessel und Feuerungen einschließlich Hilfseinrichtungen in Theorie, Konstruktion und Berechnung von *W. Marcard* †. 2 Bände. 2. Auflage, neubearbeitet von *K. Beck.*
I: Die theoretischen Grundlagen, Wärme, Verbrennung, Wärmeübertragung. 150 Seiten, 42 Abbildungen, 16 Tabellen. 1951. (*9*)
II: Dampfkessel. 147 Seiten, 43 Abbildungen. 1952. (*521*)

Die Dampfturbinen. Ihre Wirkungsweise, Berechnung und Konstruktion von *C. Zietemann.* 3 Bände. 3., verbesserte Auflage.
I: Theorie der Dampfturbinen. 139 Seiten, 48 Abbildungen. 1955. (*274*)
II: Die Berechnung der Dampfturbinen und die Konstruktion der Einzelteile. 132 Seiten, 111 Abbildungen. 1956. (*715*)
III: Die Regelung der Dampfturbinen, die Bauarten, Turbinen für Sonderzwecke, Kondensationsanlagen. 126 Seiten, 90 Abbildungen. 1956. (*716*)

Verbrennungsmotoren von *W. Endres.* 3 Bände.
I: Überblick. Motor-Brennstoffe. Verbrennung im Motor allgemein, im Otto- und Diesel-Motor. 153 Seiten, 57 Abbildungen. 1958. (*1076/1076a*)
II: Die heutigen Typen der Verbrennungskraftmaschinen. In Vorbereitung. (*1184*)
III: Die Einzelteile des Verbrennungsmotors. In Vorbereitung. (*1185*)

Technische Thermodynamik von *W. Nußelt* †. 2 Bände.
I: Grundlagen. 4., verbesserte Auflage. 144 Seiten, 71 Abbildungen. 1956. (*1084*)
II: Theorie der Wärmekraftmaschinen. 5. Auflage. 1959. In Vorbereitung. (*11[illegible]1*)

Autogenes Schweißen und Schneiden von *H. Niese.* 5. Auflage, neubearbeitet von *A. Küchler.* 136 Seiten, 71 Figuren. 1953. (*499*)

Die elektrischen Schweißverfahren von *H. Niese.* 2. Auflage, neubearbeitet von *H. Dienst.* 136 Seiten, 58 Abbildungen. 1955. (*1020*)

Die Hebezeuge. Entwurf von Winden und Kranen von *G. Tafel.* 2., verbesserte Auflage. 176 Seiten, 230 Figuren. 1954. (*414/414a*)

Wasserbau

Wasserkraftanlagen von *A. Ludin* unter Mitarbeit von *W. Borkenstein*. 2 Bände.
I: Planung, Grundlagen und Grundzüge. 124 Seiten, 60 Abb. 1955. (*665*)
II: Anordnung und Ausbildung der Hauptbauwerke. 184 Seiten, 91 Abbildungen. 1958. (*666/666a*)

Verkehrswasserbau von *H. Dehnert*. 3 Bände.
I: Entwurfsgrundlagen, Flußregelungen. 103 Seiten, 52 Abbildungen. 1950. (*585*)
II: Flußkanalisierung und Schiffahrtskanäle. 94 Seiten, 60 Abbildungen. 1950. (*597*)
III: Schleusen und Hebewerke. 98 Seiten, 70 Abbildungen. 1950. (*1152*)

Wehr- und Stauanlagen von *H. Dehnert*. 134 Seiten, 90 Abbildungen. 1952. (*965*)

Talsperren von *F. Tölke*. 122 Seiten, 70 Abbildungen. 1953. (*1044*)

Hoch- und Tiefbau

Die wichtigsten Baustoffe des Hoch- und Tiefbaus von *O. Graf* †. 4., verbesserte Auflage. 131 Seiten, 63 Abbildungen. 1953. (*984*)

Baustoffverarbeitung und Baustellenprüfung des Betons von *A. Kleinlogel*. 2., neubearbeitete und erweiterte Auflage. 126 Seiten, 35 Abbildungen. 1951. (*978*)

Festigkeitslehre. 2 Bände.
I: Elastizität, Plastizität und Festigkeit der Baustoffe und Bauteile von *W. Gehler* † und *W. Herberg*. Durchgesehener und erweiterter Neudruck. 159 Seiten, 118 Abbildungen. 1952. (*1144*)
II: Formänderung, Platten, Stabilität und Bruchhypothesen von *W. Herberg* und *N. Dimitrov*. 187 Seiten, 94 Abbildungen. 1955. (*1145/1145a*)

Grundlagen des Stahlbetonbaus von *A. Troche*. 2., neubearbeitete und erweiterte Auflage. 208 Seiten, 75 Abbildungen, 17 Bemessungstafeln, 20 Rechenbeispiele. 1953. (*1078*)

Statik der Baukonstruktionen von *A. Teichmann*. 3 Bände.
I: Grundlagen. 101 Seiten, 51 Abbildungen, 8 Formeltafeln. 1956. (*119*)
II: Statisch bestimmte Stabwerke. 107 Seiten, 52 Abbildungen, 7 Tafeln. 1957. (*120*)
III: Statisch unbestimmte Systeme. 112 Seiten, 34 Abbildungen, 7 Formeltafeln. 1958. (*122*)

Fenster, Türen, Tore aus Holz und Metall. Eine Anleitung zu ihrer guten Gestaltung, wirtschaftlichen Bemessung und handwerksgerechten Konstruktion von *W. Wickop* †. 4., überarbeitete und ergänzte Auflage. 155 Seiten, 95 Abbildungen. 1955. (*1092*)

Heizung und Lüftung von *J. Körting* † und *W. Körting*. 2 Bände. 9., durchgesehene Auflage.
I: Das Wesen und die Berechnung der Heizungs- und Lüftungsanlagen. 1959. In Vorbereitung. (*342*)
II: Die Ausführung der Heizungs- und Lüftungsanlagen. 1959. In Vorbereitung. (*343*)

Industrielle Kraft- und Wärmewirtschaft von *F. A. F. Schmidt* und *A. Beckers*. 167 Seiten, 73 Abbildungen. 1957. (*318/318a*)

Sammlung Göschen / Bandnummernfolge

1 Langosch, Der Nibelunge Nôt
3/3a v. Ende, Die Maschinenelemente
9 Marcard-Beck, Dampfkessel I
10 Jiriczek-Wisniewski, Kudrun- und Dietrich-Epen
13 Lotze, Geologie
18 Maurer, Hartmann von Aue
19 Altheim, Römische Geschichte I
20 Hofstaetter-Spree, Dt. Sprachlehre
22 Maurer, Gottfried von Strassburg
29 Brauns-Chudoba, Allg. Mineralogie
31 Brauns-Chudoba, Spez. Mineralogie
35 Treue, Dt. Geschichte von 1648 bis 1740
37 Klemm, Anorganische Chemie
38/38a Schlenk, Organische Chemie
39 Treue, Dt. Geschichte von 1713 bis 1806
42 Behn, Vorgeschichte Europas
44 Kresze, Physikalische Methoden der organischen Chemie
47 Fischer-Rohrbach, Arithmetik
51/51a Ringleb-Bürklen, Mathematische Formelsammlung
59 Krahe, Indogerm Sprachwissensch. I
60 Biehle, Stimmkunde
61 Biehle, Redetechnik
64 Krahe. Indogerm. Sprachwissensch. II
65/65a Grotemeyer, Analyt. Geometrie
66 Berneker-Vasmer, Russische Grammatik
71 Schulze, Allgemeine und physikalisch. Chemie I
76 Döring, Einführung in die theoret. Physik I
77 Döring, Einführung in die theoret. Physik II
78 Döring, Einführung in die theoret. Physik III
79 Hempel, Gotisches Elementarbuch
80 Weigert, Stilkunde I
96 Hartmann, Einf. i. d. allgem. Biologie
99 Hessenberg-Kneser, Ebene und sphär. Trigonometrie
101 v. Wiese, Soziologie
103 Dahrendorf, Industrie- und Betriebssoziologie
104/104a Hofstätter, Sozialpsychologie
111 Hoffmann-Debrunner, Gesch. der griechischen Sprache I
114 Debrunner, Gesch. der griechischen Sprache II
117 Brandenstein, Griechische Sprachwissenschaft I
118/118a Brandenstein, Griechische Sprachwissenschaft II
119 Teichmann, Statik der Baukonstruktionen I
120 Teichmann, Statik der Baukonstruktionen II
122 Teichmann, Statik der Baukonstruktionen III
125 Vossler, Ital. Literaturgeschichte
128/128a Lausberg, Romanische Sprachwissenschaft I
136 Mahler, Physikalische Formelsammlung
141 Geitler, Morphol. der Pflanzen
142 Haack, Darst. Geometrie I
143 Haack, Darst. Geometrie II
144 Haack, Darst. Geometrie III
145 Weimer, Gesch. der Pädagogik
148 Kolms, Finanzwissenschaft I
156/156a Landmann, Philosophische Anthropologie
170 Oehlmann, Musik des 19. Jahrh.
171/171a Oehlmann, Musik des 20. Jahrh.
173 Bruhns-Ramdohr, Petrographie
180 Böhm, Versicherungsmathematik I
184 Blümcke, Textilindustrie I
196 Mohr, Grundlagen der Elektrotechnik I
197 Mohr, Grundlagen der Elektrotechnik II
198 Mohr, Grundlagen der Elektrotechnik III
200/200a Gottschald, Dt. Rechtschreibungswörterbuch
210 Bruhns-Ramdohr, Kristallographie
220/220a Moser, Allgem. Musiklehre
221/221a Jander-Jahr, Maßanalyse
222 Hassak-Beutel, Warenkunde I
223 Hassak-Beutel, Warenkunde II
226 Hofmann, Geschichte d. Mathematik I
228 Vogel, Landw. Tierzucht
231/231a Ehrlich, Geschichte Israels
238 Krahe, German. Sprachwiss. I
243 Mahler, Physikal. Aufgabensammlg.
247 Hoppe, Analytische Chemie I
248 Hoppe, Analytische Chemie II

BANDNUMMERNFOLGE

250 Lausberg, Romanische Sprachwissenschaft II
252 Dassler, Elektrochemie I
253 Dassler, Elektrochemie II
256 Haussner, Aufgabensammlung zur analyt Geometrie der Ebene
257 Humburg, Gleichstrommaschine I
264 Lockemann, Geschichte der Chemie I
265/265a Lockemann, Geschichte der Chemie II
270 Kirn, Einführung in die Geschichtswissenschaft
274 Zietemann, Dampfturbinen I
279 Jacob, Quellenkunde der deutschen Geschichte I
280 Jacob, Quellenkunde der deutschen Geschichte II
281 Leisegang, Einführung in die Philosophie
282 Haltenorth, Säugetiere
284 Jacob-Weden, Quellenkunde der deutschen Geschichte III
318/318a Schmidt-Beckers, Industrielle Kraft- und Wärmewirtschaft
319 Krug, Australien und Ozeanien
329 Scharrer, Agrikulturchemie I
330/330a Scharrer, Agrikulturchemie II
335 Braun-Klug, Fette und Öle
336 Braun-Klug, Seifenfabrikation
342 Körting, Heizung und Lüftung I
343 Körting, Heizung und Lüftung II
344 Moser, Musikästhetik
354/354a Valentiner-König, Vektoren und Matrizen
355 Neger-Münch, Nadelhölzer
356 Lüdemann, Fische
374 Döring, Einführung in die theoret. Physik IV
375 Preller, Geschichte Englands I
389/389a Diels-Mattick, Pflanzengeographie
391 Kolms, Finanzwissenschaft II
394/394a Schilling, Von der Renaissance bis Kant
414/414a Tafel, Hebezeuge
422 Gottschald, Deutsche Personennamen
423 Adler, Fünfstellige Logarithmen
432 Borchers, Metallkunde I
433/*433a* Borchers, Metallkunde II
439 Jaeckel, Würmer
440 Jaeckel, Weichtiere
441 Jaeckel, Stachelhäuter
442 Hannemann, Schwämme und Hohltiere
443 Gruner-Deckert, Krebse
444 Reichenow, Einzeller
445 Asmus, Physikal.-chem. Rechenaufgaben
447 Herter, Kriechtiere
452 Bahrdt-Scheer, Stöchiometrische Aufgabensammlung
468 Werkmeister-Grossmann, Vermessungskunde I
469 Werkmeister, Vermessungskunde II
476 Thum-Meysenbug, Die Werkstoffe des Maschinenbaues I
483 Henglein, Lötrohrprobierkunde
492 Stolz-Debrunner, Geschichte der lateinischen Sprache
499 Niese-Küchler, Autogenes Schweißen
500 Simmel, Hauptprobleme der Philosophie
521 Marcard-Beck, Dampfkessel II
536 Lehmann, Kant
538 Rumpf, Archäologie I
539 Rumpf, Archäologie II
561 Matthes, Werkzeugmaschinen I
562 Matthes, Werkzeugmaschinen II
564 Behn, Kultur der Urzeit I
565 Behn, Kultur der Urzeit II
566 Behn, Kultur der Urzeit III
571 Lehmann, Philosophie des 19. Jahrhunderts I
576/576a Moser, Gesangskunst
579 Müller-Schulze, Techn. Tabellen
580/580a Sedlaczek-Fischer-Buch, Walzwerke
583/583a Engel, Maschinen der Eisenhüttenwerke
585 Dehnert, Verkehrswasserbau I
589 Tochtermann, Maschinenzeichnen I
590 Tochtermann, Maschinenzeichnen II
594 v. Lengerken, Insekten
597 Dehnert, Verkehrswasserbau II
601 Mutschmann, Engl. Phonetik
619 Buchwald, Kristalloptik
665 Ludin-Borkenstein, Wasserkraftanlagen I
666/666a Ludin-Borkenstein, Wasserkraftanlagen II
668 Knopp, Funktionentheorie I
677 Altheim, Römische Geschichte II

679 Altheim, Römische Geschichte III
684 Altheim, Römische Geschichte IV
691 Fauser, Kulturtechn. Bodenverbesserungen I
692 Fauser, Kulturtechn. Bodenverbesserungen II
698/698a Schulze, Allgemeine und physikalische Chemie II
703 Knopp, Funktionentheorie II
709 Lehmann, Philosophie des 19. Jahrhunderts II
711 Kesselring, Berechnung der Schaltgeräte
714/714a zur Megede, Technik selbsttätiger Regelungen
715 Zietemann, Dampfturbinen II
716 Zietemann, Dampfturbinen III
718 Neger-Münch, Laubhölzer
728/728a Pirani-Fischer, Graph. Darstellung in Wissenschaft und Technik
735 Ekwall, Historische neuengl. Laut- und Formenlehre
763/763a Beer-Meyer, Hebräische Grammatik I
764/764a Beer-Meyer, Hebräische Grammatik II
768/768a Bieberbach, Einführung in die konforme Abbildung
769/769a Meyer, Hebräisches Textbuch
776 Kolms, Finanzwissenschaft III
780 Krahe, German. Sprachwiss. II
781 Weigert, Stilkunde II
782 Kolms, Finanzwissenschaft IV
786 Schulze, Molekülbau
807 Kropp, Erkenntnistheorie I
809 Moser, Harmonielehre I
826 Koch, Philosophie des Mittelalters
827 Schwaiger Elektromotorische Antriebe
831 Erismann, Allgemeine Psychologie I
832/832a Erismann, Allgemeine Psychologie II
833 Erismann, Allgemeine Psychologie III
837 Baumgartner, Gruppentheorie
845 Lehmann, Philosophie im ersten Drittel des 20. Jahrhundert I
847 Herter, Lurche
851/851a Moede, Psychologie des Berufs- und Wirtschaftslebens
857 Capelle, Griech. Philosophie I
858 Capelle, Griech. Philosophie II
859 Capelle, Griech. Philosophie III
862 Werkmeister, Vermessungskunde III
863 Capelle, Griech. Philosophie IV
869 Dieselhorst, Vögel
875 Hofmann, Geschichte der Mathematik II
877 Knopp, Aufgabensammlung zur Funktionentheorie I
878 Knopp, Aufgabensammlung zur Funktionentheorie II
881 Humburg, Gleichstrommaschine II
882 Hofmann, Geschichte der Mathematik III
893 Treue, Dt. Geschichte von 1807 bis 1871
894 Treue, Dt. Geschichte von 1871 bis zur Gegenwart
902 Müller, Dynamik I
903 Müller, Dynamik II
910 Jaeger, Afrika I
911 Jaeger, Afrika II
915 Sperber-Fleischhauer, Geschichte der Deutschen Sprache
917/917a Böhm, Versicherungsmathematik II
920 Hoheisel, Gewöhnliche Differentialgleichungen
921 Jantzen-Kolb, W. v. Eschenbach. Parzival
929 Schirmer, Deutsche Wortkunde
930 Krull, Elementare und klassische Algebra I
931 Hasse, Höhere Algebra I
932 Hasse, Höhere Algebra II
933 Krull, Elementare und klassische Algebra II
936 Meysenbug, Werkstoffe des Maschinenbaues II
952 Schäfer, Transformatoren
953 Zipperer, Techn. Schwingungslehre I
961/961a Zipperer, Techn. Schwingungslehre II
965 Dehnert, Wehr- und Stauanlagen
970 Baldus-Löbell, Nichteuklidische Geometrie
972 Herter, Tierphysiologie I
973 Herter, Tierphysiologie II
978 Kleinlogel, Baustoffverarbeitung und Baustellenprüfung des Betons
984 Graf, Baustoffe des Hoch- und Tiefbaus
999/999a Kamke, Mengenlehre
1000 Jaspers, Geistige Situation der Zeit

BANDNUMMERNFOLGE

1003 Hoheisel, Partielle Differentialgleichungen
1008/1008a Mellerowicz, Allgemeine Betriebswirtschaftslehre I
1009 Bechert-Gerthsen, Atomphysik I
1014 Huttenlocher, Mineral- und Erzlagerstättenkunde I
1015/1015a Huttenlocher, Mineral- und Erzlagerstättenkunde II
1017 Döring, Einführung in die theoret. Physik V
1020 Niese-Dienst, Elektrische Schweißverfahren
1031/1031a Apel-Ludz, Philosophisches Wörterbuch
1033 Bechert-Gerthsen, Atomphysik II
1034 Kranefeldt-Jung, Therapeutische Psychologie
1035 Altheim, Römische Religionsgeschichte I
1039 Dovifat, Zeitungslehre I
1040 Dovifat, Zeitungslehre II
1044 Tölke, Talsperren
1045 Schubert, Technik des Klavierspiels
1051/1051a Stolberg-Wernigerode, Gesch. der Verein. Staaten von Amerika
1052 Altheim, Römische Religionsgeschichte II
1057 Roth, Thermochemie
1059 Hoheisel, Aufgabensammlung zu den gewöhnlichen und partiellen Differentialgleichungen
1061 Grodzinski, Getriebelehre I
1065 Haller-Dannenbauer, Von den Karolingern zu den Staufern
1070 Sauter, Differentialgleichungen der Physik
1076/1076a Endres, Verbrennungsmotoren I
1078 Troche, Stahlbetonbau
1082 Hasse-Klobe, Aufgabensammlung zur höheren Algebra
1084 Nußelt, Technische Thermodynamik I
1085 Lietzmann-Aland, Zeitrechnung
1086 Müller, Dt. Dichten und Denken
1088 Preller, Geschichte Englands II
1092 Wickop, Fenster, Türen, Tore
1094 Hernried, System. Modulation
1096 Viëtor, Deutsches Dichten und Denken
1099 Hoheisel Integralgleichungen
1105 Hartung, Dt. Geschichte im Zeitalter der Reformation
1108 de Boor-Wisniewski, Mittelhochdeutsche Grammatik
1109 Knopp, Elemente der Funktionentheorie
1111 Naumann-Betz, Althochdeutsches Elementarbuch
1113/1113a Strubecker, Differentialgeometrie I
1114 Schubel, Englische Literaturgeschichte I
1115 Ranke, Altnord. Elementarbuch
1116 Schubel, Englische Literaturgeschichte II
1117 Haller-Dannenbauer, Eintritt der Germanen in die Geschichte
1121 Naumann, Dt. Dichten und Denken
1122 Feist, Sprechen und Sprachpflege
1123/1123a Bechert-Gerthsen, Atomphysik III
1124 Meissner, Englische Literaturgeschichte III
1125 Lehnert, Altengl. Elementarbuch
1127 Hartmann, Geschlecht und Geschlechtsbestimmung im Tier- und Pflanzenreich
1128 Buchner, Symbiose der Tiere mit pflanzl. Mikroorganismen
1130 Dibelius, Jesus
1131 Scholz-Schoeneberg, Einführung in die Zahlentheorie
1132 Frühauf, Überspannungen und Überspannungsschutz
1134 Kuckuck, Pflanzenzüchtung I
1135 Lehnert, Beowulf
1136 Meissner, Englische Literaturgeschichte IV
1137 Heil, Entwicklungsgeschichte des Pflanzenreichs
1138 Hämmerling, Fortpflanzung im Tier- und Pflanzenreich
1140 Unger, Induktionsmaschinen
1141 Koller, Hormone
1142 Meissner-Lehnert, Shakespeare
1144 Gehler-Herberg, Festigkeitslehre I
1145/1145a Herberg-Dimitrov, Festigkeitslehre II
1146 Humburg, Synchrone Maschine
1147 v. Waltershausen, Kunst des Dirigierens

1148 Pepping, Der polyphone Satz I
1151 Nußelt, Technische Thermodynamik II
1152 Dehnert, Verkehrswasserbau III
1153/1153a Mellerowicz, Allgemeine Betriebswirtschaftslehre II
1154/1154a Mellerowicz, Allgemeine Betriebswirtschaftslehre III
1156/1156a Meinke, Komplexe Berechn. von Wechselstromschaltungen
1158 Mayrhofer, Sanskrit-Grammatik
1159 Jungbluth, Gießereitechnik I
1160 Dibelius-Kümmel, Paulus
1161 Kaestner, Spinnentiere
1162 Seidel, Entwicklungsphysiologie der Tiere I
1163 Seidel, Entwicklungsphysiologie der Tiere II
1164/1164a Pepping, Der polyphone Satz II
1165/1165a Bechert-Gerthsen, Atomphysik IV
1169 Paulsen, Allgemeine Volkswirtschaftslehre I
1170 Paulsen, Allgemeine Volkswirtschaftslehre II
1171 Paulsen, Allgemeine Volkswirtschaftslehre III
1172 Paulsen, Allgemeine Volkswirtschaftslehre IV
1175 Specht, Empirische Sozialforschung
1176/1176a Lorenzen, Formale Logik
1178/1178a Kuckuck, Pflanzenzüchtung II
1179/1179a Strubecker, Differentialgeometrie II
1180/1180a Strubecker, Differentialgeometrie III
1183/1183a Nicolas, Finanzmathematik
1184 Endres, Verbrennungsmotoren II
1185 Endres, Verbrennungsmotoren III
1186/1186a Mellerowicz, Allgemeine Betriebswirtschaftslehre IV
1187 Lau, Luther

Autorenregister

AUTORENREGISTER

Printed in Germany
200 000 231/58

MIX
Papier | Fördert gute Waldnutzung
FSC® C083411

Zeitfracht Medien GmbH
Ferdinand-Jühlke-Straße 7
99095 Erfurt, Deutschland
produktsicherheit@kolibri360.de